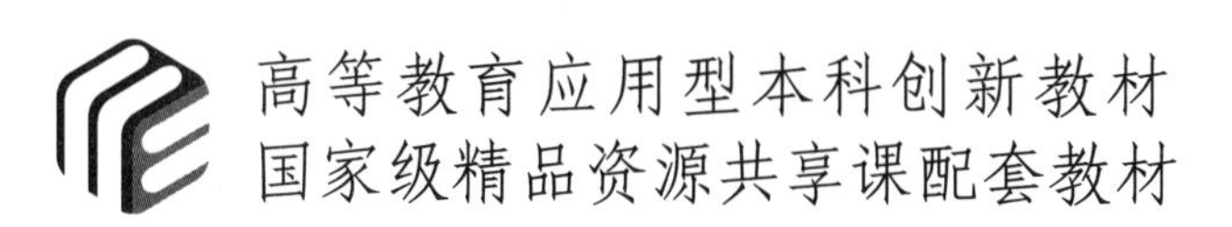

机械原理与机械设计实验指导

主　编　徐起贺　程鹏飞

副主编　武正权　徐文博

科学出版社

北　京

内 容 简 介

本书是根据教育部制定的普通高等教育“机械原理课程教学基本要求”与“机械设计课程教学基本要求”，结合近年来一些应用型本科院校实验教学改革的成果编写而成的，在内容安排上体现了应用型本科教育的特色，适应了当前教学改革的需要，是与普通高等院校本科机械原理与机械设计课程配套使用的实验教材。

本书共由 14 个实验所组成，分为机械原理实验（实验 1～实验 7）和机械设计实验（实验 8～实验 14）两部分。大部分实验包括实验目的、实验设备、实验原理、实验步骤及注意事项等内容，并附有思考题与实验报告，可指导学生顺利完成实验工作，从而切实提高学生的实验操作技能，激发其创新意识，强化其工程实践能力。

本书可作为普通高等院校机械类及近机械类专业机械原理与机械设计课程的实验教材，也可供有关工程技术人员参考。

图书在版编目（CIP）数据

机械原理与机械设计实验指导/徐起贺，程鹏飞主编. —北京：科学出版社，2021.11
（高等教育应用型本科创新教材　国家级精品资源共享课配套教材）
ISBN 978-7-03-070745-1

Ⅰ. ①机…　Ⅱ. ①徐…　②程…　Ⅲ. ①机械原理-高等学校-教材 ②机械设计-高等学校-教材　Ⅳ. ①TH111　②TH122

中国版本图书馆 CIP 数据核字（2021）第 246485 号

责任编辑：张振华 / 责任校对：马英菊
责任印制：吕春珉 / 封面设计：东方人华平面设计部

科学出版社出版
北京东黄城根北街 16 号
邮政编码：100717
http://www.sciencep.com

三河市中晟雅豪印务有限公司印刷
科学出版社发行　各地新华书店经销

*

2021 年 11 月第 一 版　开本：787×1092　1/16
2021 年 11 月第一次印刷　印张：10
字数：230 000

定价：36.00 元

（如有印装质量问题，我社负责调换〈中晟雅豪〉）
销售部电话 010-62136230　编辑部电话 010-62135120-2005

前　言

机械原理与机械设计课程是我国普通高等院校机械类及近机械类专业的技术基础课，而机械原理与机械设计课程实验是课程教学中一个十分重要的实践性教学环节，在整个教学体系中占有重要地位。实验教学使学生了解机器的工作原理及具体结构，了解机械零部件在各类机械中的功用及性能，便于学生加深对课程理论教学内容的理解，巩固课程所学的基本知识，为学生今后在生产实际中设计、制造和维修机械设备提供必要的基础，并且对于培养学生分析问题和解决问题的能力，以及创新思维具有重要的作用和意义。

本书根据教育部制定的普通高等教育“机械原理课程教学基本要求”与“机械设计课程教学基本要求”，结合了近年来一些应用型本科院校机械原理与机械设计实验教学改革的成果编写而成。编者在编写本书的过程中，立足于应用型本科院校的人才培养目标，注重培养学生创新、应用的能力及分析问题和解决问题的能力。

本书主要有以下特点：

1）本书不仅介绍了实验大纲规定的基本实验项目，还介绍了包括设计性、综合性和应用性等提高性的实验项目。任课教师可根据教学需要选择合适的实验项目进行实验。

2）根据教育部关于加强学生创新能力和实践动手能力培养的要求，本书增加了创新实验和设计性实验，为提高学生的创新能力和工程实践能力打下良好的基础，有利于课外科技创新活动的开展和团队协作精神的培养。

3）全书力求概念准确、层次清晰、内容规范，对每个实验的目的、设备、原理、操作步骤及注意事项叙述清楚，简明易懂，具有良好的可读性和可操作性，便于学生预习。

本书由河南工学院的徐起贺、程鹏飞担任主编，武正权、徐文博担任副主编，徐起贺负责统稿工作。具体编写分工如下：徐起贺编写了绪论、实验 1、实验 9、实验 10，程鹏飞编写了实验 2、实验 5、实验 6、实验 13，武正权编写了实验 3、实验 4、实验 8、实验 14，徐文博编写了实验 7、实验 11、实验 12。

郑州大学的秦东晨教授和河南工学院孟凡净教授精心审阅了本书，对本书的编写提出了许多宝贵的意见和建议，对提高本书的编写质量给予了很大帮助，编者在此表示衷心的感谢。编者在编写本书的过程中，参考了目前已出版的许多相关教材，在此向原作者表示衷心的感谢。本书的编写得到了现代机械设计系列课程教学团队成员的大力支持和帮助，编者在此谨向他们表示衷心的感谢。

面向应用型本科的教育教学改革是一项长期而艰巨的任务，目前仍处于探索阶段。

随着面向 21 世纪教学改革的不断深入及教学内容的不断充实和完善，本书必将成为一本真正适应 21 世纪培养机械工程技术应用型人才需要的机械原理与机械设计实验指导教材。

由于编者水平所限，书中欠妥之处在所难免，恳请读者批评指正。

目　录

绪 论

0.1 机械原理与机械设计实验教学的重要性及意义

实验就是根据某种研究目的，运用相关的实验仪器和设备等，在人为控制的条件下，在典型环境中或特定条件下，为检验某种科学理论或假设而进行的一种探索活动。实验的目的是获得实验要素中相互联系、相互作用的结果，以便人们利用其中有利的一面，避免不利的一面，从而推动科学技术的发展，造福人类社会。因此，科学实验是人们正确认识客观世界、开展科学研究的主要途径，是获取客观事实的基本方法，是获得创造性成果的一种创造智慧。

实验是科技创新的重要手段，在现代科技创新中运用实验手段具有非常重要的意义。据统计，20 世纪获得诺贝尔物理学奖的项目，60%与新实验手段的运用有关。科学发现离不开实验，几乎所有的科学发现成果是“实验的女儿”。在技术发明中，许多新设想、新方案，只有经过实验这种手段的检验，才能得到完善和认可。

在高等院校的教学过程中，实验教学是必不可少的重要实践环节。培养学生掌握科学实验的基本方法和技能，提高学生的动手能力和创新能力，是实验教学的基本目标，对于培养具有创新精神与实践能力的应用型人才具有十分重要的意义。机械原理与机械设计实验，是以培养学生掌握机械学科实验基本方法和技能为价值取向的实践教学活动，是培养高素质机械类专门人才的重要手段。实验的目的在于培养学生认识机械、掌握机构运动简图的绘制方法、了解实验设备、明白实验原理、掌握对机械进行参数测试的手段，使学生从实验中理解理论的价值，从实践中发现实验结果与理论计算异同的原因，进而促进学生创新意识与实践能力的提高。因此不断提高实验教学效果，确保实验教学质量，是机械原理与机械设计实验教学改革的重要课题。

在传统的机械原理与机械设计教学观念中，实验教学仅被看作理论教学的附庸，实验的目的仅仅是验证书本理论；实验内容基本是验证型的，缺乏设计性、综合性和研究性的实验内容，学生不能从中获得探求未知、研究设计和开拓创新的能力；实验设备陈旧，实验手段落后，不能反映当代实验技术的发展；实验台套数少，实验过程中学生参与动手的机会少；实验教学以教师为主体，学生被动地接受，缺乏主观能动性和独立思考，更无从培养创新能力。这些导致了实验本身缺乏吸引力，从而挫伤了学生进行实验的积极性，客观上加重了重理论轻实验的错误倾向，影响了实验教学的效果和学生实践能力与创新能力的提高。

因此，21 世纪的机械原理与机械设计实验教学，必须突破传统的思想观念，树立以下实验教学观。

1. 实验教学与理论教学协同观

在机械原理与机械设计教学过程中，实验教学与理论教学具有同等重要的地位，实验教学既不是理论教学的附庸，也不与理论教学相互独立，而与理论教学一体两面、相互协同。实验教学的设计必须以学科知识体系为平台，以培养学科实验方法与技能为目标。理论教学的目标是帮助学生构建合理的知识结构和认知结构，它既需要借助理性思辨的力量，也离不开实验和实践的检验。当然，在实际教学中，理论教学与实验教学的协同可以根据具体情况采取不同的方式，如通过统一的课程教学进行协同，或通过分设理论教学环节和实践教学环节来协同。不管采用哪种方式，都要强调理论与实践的密切联系。

2. 传统实验与创新实验协同观

在实验教学为理论教学服务的过程中，形成了验证性实验的传统。由于验证性实验在帮助学生理解机械原理或工作特性方面具有重要的作用，因此在机械原理与机械设计实验教学的改革与发展过程中依然需要保留验证性实验项目。但是，从实验教学改革与发展的大势出发，在传统实验教学基础上还必须进行实验教学创新。从培养创新精神与实践能力的基本价值取向出发，建立在机械设计学科知识体系平台上的实验体系，必须是传统实验与创新实验的协同，是认知实验、验证实验、综合实验和创新设计实验的集成。这种实验教学观，体现了知识、能力和素质协调发展的现代教育理念。

3. 被动实验与主动实验协同观

机械原理与机械设计实验教学改革与发展，期望能够通过实验教学让学生成为实验的主体。要实现这种愿望，必须改变过去那种重被动实验轻主动实验的定势。

所谓被动实验，是指以教师为主体，按照事先设计好的实验内容和实验步骤实施的教学方式，学生被动地接受实验安排与实验结果。主动实验是相对于被动实验而言的，是指在实验教学过程中让学生作为主体参与实验全过程的一种实验教学；在实验过程中，学生在教师的指导下，自己根据实验要求进行实验设计，选择实验设备，安排实验步骤，体验实验过程，获得实验结论。

倡导主动实验，并非要取消被动实验，两种实验都是实验能力所需要的认识活动。被动实验是一种“学中干”，而主动实验是一种“干中学”，二者的协同对培养学生的实验能力是有利的。

值得指出的是，主动实验并不是一种实验类型，而是一种实验理念与实验要求。无论在认识实验、验证实验、综合实验还是创新实验中，都需要发挥学生的主观能动性，变被动实验为主动实验。主动认知、主动验证、主动综合与主动创新实验，才是我们所需要的实验方式。

4. 虚拟实验与真实实验协同观

随着现代设计方法，特别是计算机辅助设计（computer aided design，CAD）和计算机辅助工程（computer aided engineering，CAE）技术的出现与应用，虚拟实验开始受到实验教学的重视。虚拟实验，就是利用 CAD/CAE 的功能，将虚拟样品或样机在计算机上进行运动仿真和理论分析。过去，新设计的产品要等到实物样机制造完成后，才能进行产品的设计改进。有了现代设计方法，在设计过程中就可随时对 3D 模型进行虚拟实验，及时找出设计中的不足，优化设计结果。为了适应现代机械设计的教学，机械原理与机械设计实验教学也应当引入虚拟实验的理念与技术，开设虚拟实验。

尽管虚拟实验具有可视性好、重复性高、柔性高、经济性好等优点，但虚拟实验毕竟不是真实的物理模型实验，实验结果所反映的真实性在很大程度上取决于建模的准确性和合理性。因此，在机械原理与机械设计实验教学中，仅仅考虑虚拟实验是不够的，必须将虚拟实验与真实实验协同安排。对同一实验题目，可以先安排虚拟实验，再进行真实实验，这样有利于提高学生的实验兴趣，培养学生应用现代设计方法的能力。

0.2　机械原理与机械设计实验教学的主要内容及要求

1. 机械原理与机械设计实验教学的内容及类型

机械原理与机械设计实验是根据机械原理、机械设计等机械基础类课程教学大纲对学生实践能力的培养要求开设的，对于培养学生分析问题和解决问题的能力及创新思维具有重要的作用和意义。对机械原理与机械设计实验教学改革来说，必须以培养学生的工程实践能力、综合设计与分析能力及创新能力为基本要求，以机械设计学科知识平台为依据，并结合学校实验教学条件来设计实验内容体系。机械原理与机械设计课程实验在精选和完善了侧重于理解基本概念、基本理论的传统实验的基础上，大力开发培养学生创新能力的设计性、综合性实验，注重实验过程，积极推进主动式教学，突出创新思维能力的培养，将先进的测试手段引入实验，使学生能够了解现代测试技术的发展，开阔眼界。

机械原理与机械设计实验的内容，可分为认知实验与验证性实验，综合性实验和设计、创新性实验等类型。

1）认知实验与验证性实验，使学生对所学的理论知识和客观事实有更深刻的认识和理解，让学生通过实验来认识或验证课堂所学的理论，了解仪器设备的原理和使用方法，培养学生基本的实验操作技能。

2）综合性实验，使学生掌握机械系统的工作原理、承载特性、影响因素分析方法，了解典型机械零件的实验方法和力学、机械量的测定原理与方法，进一步了解力学性能指标的重要性，促进学生在机械设计中能力的提高。综合性实验有利于培养学生的动手能力、数据采集能力、分析与解决问题的能力，使不同的知识点在实验中得到综合应用。

3）设计、创新性实验，重在培养学生的创新意识和创新能力，通过设计、创新性实验使学生自行设计实验方案，并完成装配和测试，为学有余力的学生提供个性化培养，使优秀学生得到更好的锻炼和个性化发展，提高学生的工程实践能力和创新意识。同时设计、创新性实验为学生参加课外科技活动，如机械创新设计大赛等，提供学习与训练的平台。

机械原理与机械设计实验教学的具体项目设置见表 0-1，其中机械原理实验由实验1～实验 7 组成，机械设计实验由实验 8～实验 14 组成。这些实验之间具有相对独立性，以便于不同专业、不同层次要求的学生根据实际情况进行选择。在机械原理与机械设计实验中，一些创新设计实验内容，允许学生进行方案的设计和实现自己的构思，部分实验装置采用在一定条件下的组装式实验模块，能激发学生的创新意识，培养学生的动手能力。

表 0-1　机械原理与机械设计实验教学的具体项目设置

序号	实验名称	实验学时	实验类型
1	机械原理现场认知实验	2	认知实验
2	机构运动简图测绘实验	2	综合性实验
3	渐开线齿轮展成原理实验	2	验证性实验
4	渐开线直齿圆柱齿轮参数测定实验	2	综合性实验
5	机械运动参数测定实验	2	综合性实验
6	回转构件动平衡实验	2	综合性实验
7	机构运动方案创新设计实验	2	设计、创新性实验
8	机械设计现场认知实验	2	认知实验
9	带传动实验	2	验证性实验
10	液体动压滑动轴承实验	2	综合性实验
11	轴系结构分析与组装实验	2	综合性实验
12	减速器装拆与分析实验	2	综合性实验
13	螺栓组连接特性实验	2	验证性实验
14	机械传动性能综合测试实验	2	综合性实验

2. 机械原理与机械设计实验教学的步骤及要求

机械原理与机械设计课程实验的实验者为学生，实验对象是被测试的物体，实验手段包括实验方法和实验设备、仪器等。学生在充分理解实验要求和实验原理的基础上，采用各种测试手段取得相应的实验数据，并对数据进行处理和分析。

实验的基本步骤如下。

1）预习实验内容，明确实验目的。

2）掌握基本原理，复习相关知识。

3）设计实验方案，选择实验设备。

4）进行实验，获取实验数据。

5）整理数据，分析实验结果。

6）进行总结，撰写实验报告。

在实验过程中，不仅要按照实验步骤完成实验，同时应思考为什么要采用这样的实验装置和实验方法，是否有比这更好的实验方法，实验装置是否可以设计得更合理些等问题，特别是当实验中出现的一些现象或数据与理论有差异时，应大胆地提出自己的观点，并与指导教师探讨。另外，在实验中要爱护仪器设备，严格遵守实验操作规程，注意实验过程中的人身安全，培养良好的科学实验态度。

实验是培养学生动手能力和工程实践能力的一个重要的实践环节。因此，应要求学生在实验过程中做到以下几点。

1）了解科学实验的意义及其作用。

2）认真做好实验前的准备工作，如准备在实验中所需的绘图工具等。

3）会使用实验常用的量具、工具和仪器设备。

4）通过实验掌握实验原理、实验方法、数据的采集和处理。

5）认真观察，积极思考，努力创新，设计更好的实验方案。

6）培养良好的表达能力、独立工作能力和团队协作精神。

实验 1 机械原理现场认知实验

1.1 机械原理现场认知实验指导书

1. 实验目的

1）通过观察典型机构的运动演示，增强对机构与机器的感性认识。
2）了解常用机构的组成、基本类型、运动特点和应用实例。
3）通过对常用机构的认知，建立现代机构设计的意识。

2. 实验设备

JY-10DB 机械原理陈列柜。机械原理陈列柜是根据机械原理课程教学内容设计的，它由 10 个陈列柜所组成，主要展示各种常用机构的类型、结构和应用，演示其工作原理及运动。机械原理陈列柜各柜柜名及陈列的内容见表 1-1。

表 1-1 机械原理陈列柜各柜柜名及陈列的内容

序号	柜名	陈列内容
1	机构的组成	蒸汽机模型、内燃机模型，各种运动副模型
2	平面连杆机构的类型	铰链四杆机构的三种基本形式、平面四杆机构的演化形式
3	平面连杆机构的应用	颚式破碎机、飞剪、惯性筛、摄影机平台升降机构、机车车轮联动机构、鹤式起重机、牛头刨床、插床
4	空间连杆机构	RSSR 空间机构、4R 万向联轴节、RRSRR 角度传动机构、RCCR 联轴节、PSSR 飞机起落架机构、SARRUT 机构
5	凸轮机构	盘形凸轮机构、槽形凸轮机构、移动凸轮机构、等宽凸轮机构、反凸轮机构、空间凸轮机构（端面凸轮机构、圆柱凸轮机构、圆锥凸轮机构）、主回凸轮机构
6	齿轮机构的类型	平面齿轮机构（外啮合直齿圆柱齿轮机构、内啮合直齿圆柱齿轮机构、齿轮齿条机构、斜齿圆柱齿轮机构、人字齿轮机构）、空间齿轮机构（直齿圆锥齿轮机构、斜齿圆锥齿轮机构、螺旋齿轮机构、蜗杆蜗轮机构）
7	轮系的类型	定轴轮系（平面定轴轮系、空间定轴轮系）、周转轮系（行星轮系、差动轮系）、复合轮系
8	轮系的功用	获得较大传动比，实现分路传动，实现变速传动，实现换向传动，作运动的分解，作运动的合成，用作摆线针轮减速器，用作谐波传动减速器
9	间歇运动机构	棘轮机构、槽轮机构、不完全齿轮机构、凸轮式间歇机构

续表

序号	柜名	陈列内容
10	组合机构	联动凸轮组合机构、凸轮-蜗杆组合机构、联动凸轮机构、连杆机构与扇形齿轮机构组合、凸轮-齿轮组合机构、凸轮-连杆组合机构、齿轮-连杆组合机构、锥齿轮机构与连杆机构组合

3. 实验方法

组织学生参观机械原理陈列柜展示的各种常用机构的模型，通过模型的动态演示，增强学生对机器和机构的感性认识，并促进对机构设计问题的理解。通过观察和听声控解说，了解常用机构的结构、运动特点及应用实例。

4. 实验内容

第1展柜 机构的组成

先观察蒸汽机模型。蒸汽机主要由主传动的曲柄滑块机构、控制进排气和倒顺车用的配气连杆机构所组成。工作时，它把蒸汽的热能转换为曲柄转动的机械能。

再观察内燃机模型。它主要由主传动的曲柄滑块机构、控制点火的定时齿轮机构和控制进排气的凸轮机构所组成。工作时，它将燃气的热能转换为曲柄转动的机械能。

通过对蒸汽机、内燃机模型的观察可以知道，机器的主要组成部分是机构。简单机器可能只包含一种机构，比较复杂的机器则可能包含多种类型的机构，可以说，机器是能够完成机械功或转化机械能的机构的组合。

机构是机械原理课程研究的主要对象。那么，机构又是怎样组成的呢？通过对机构的分析，可以发现它由构件和运动副所组成。

运动副是指两构件之间的可动连接。这里陈列有转动副、移动副、螺旋副、球面副和曲面副等模型。凡两构件通过面的接触而构成的运动副，通称为低副；凡两构件通过点或线的接触而构成的运动副，称为高副。

第2展柜 平面连杆机构的类型

平面连杆机构是应用广泛的机构，其中又以四杆机构最为常见。平面四杆机构的主要优点是能够实现多种运动规律和运动轨迹的要求，而且结构简单、制造容易、工作可靠。

1）铰链四杆机构的三种基本形式。

铰链四杆机构是连杆机构的基本形式。根据其两连架杆的运动形式不同，铰链四杆机构又可细分为曲柄摇杆机构、双曲柄机构和双摇杆机构三种基本类型。

① 曲柄摇杆机构。在曲柄摇杆机构中，固定构件称为机架，能做整周回转的构件称为曲柄，而只能在某一角度范围内摇摆的构件称为摇杆，做平面运动的构件称为连杆。当曲柄为原动件时，可将它的连续转动转变为摇杆的往复摆动。

② 双曲柄机构。在双曲柄机构中，它的连架杆都是曲柄。当原动曲柄连续转动时，从动曲柄也能做连续转动。

③ 双摇杆机构。在双摇杆机构中，两连架杆都是摇杆。当原动摇杆摆动时，另一摇杆也随之摆动。

2）平面四杆机构的演化形式。

除上述三种铰链四杆机构外，在实际机器中还广泛采用其他形式的四杆机构，它们可以说是由四杆机构的基本形式演化而成的。演化方式如改变某些构件的形状、改变构件的相对长度、改变某些运动副的尺寸，或者选择不同的构件作为机架等。下面是各种演化形式的机构。

① 偏置曲柄滑块机构。当铰链四杆机构的摇杆长度增至无穷大并演化成滑块后，可以得到曲柄滑块机构。当滑块运动轨道与曲柄中心存在偏距时，则为偏置曲柄滑块机构。

② 对心曲柄滑块机构。在曲柄滑块机构中，当滑块运动轨道与曲柄中心没有偏距时，则为对心曲柄滑块机构。

③ 正弦机构。这种机构的特点是从动件的位移与主动件转角的正弦成正比。它可以看作在曲柄滑块机构中，连杆长度增至无穷大后演变所得的形式，多用在一些仪表和解算装置中。

④ 偏心轮机构。它是将曲柄滑块机构的曲柄改成偏心轮后所得到的机构。从演化角度看，它可以认为是将对心曲柄滑块机构中的一转动副的半径扩大，使之超过曲柄长度后所得的。

⑤ 双重偏心机构。请大家在观察它的结构和绘出运动简图后，对照曲柄摇杆机构运动简图，思考它是怎样演化来的。

⑥ 直动滑杆机构。曲柄转动时，滑杆在固定的滑块中做直线往复运动。它可以看作在曲柄滑块机构的基础上，通过改选滑块为机架而获得的演化形式。

⑦ 摆动导杆机构。在导杆机构中，当曲柄连续回转时，导杆仅能在某一角度范围内往复摆动，导杆与滑块之间做相对移动，则机构为摆动导杆机构。

⑧ 摇块机构。当曲柄转动时，连杆与摇块之间有相对滑动，摇块相对机架做往复摆动。

⑨ 双滑块机构。它是具有两个移动副的平面四杆机构，应用它可设计椭圆仪和十字滑块联轴器。

第3展柜　平面连杆机构的应用

1）颚式破碎机。这是曲柄摇杆机构的一种应用实例。当曲柄绕轴心连续回转时，动颚板也绕其轴心往复摆动，从而将矿石轧碎。

2）飞剪。这是曲柄摇杆机构的应用。它巧妙地利用连杆上一点的轨迹和摇杆上一点的轨迹的配合来完成剪切工作。剪切钢板时，要求在剪切部分上下两刀的运动在水平

方向的分速度相等，并且约等于钢板的送进速度。

3）惯性筛。这种惯性筛应用了双曲柄机构。当原动曲柄等速转动时，从动曲柄做变速转动，从而固连于滑块上的筛子具有较大变化的加速度；而被筛的材料颗粒则因惯性作用而被筛分。

4）摄影机平台升降机构。它是平行四边形机构的应用。这种机构的运动特点是，其两曲柄可以以相同的角速度同向转动，而连杆做平移运动。

5）机车车轮联动机构。它也是平行四边形机构的应用。车轮以相同的角速度同向转动，而连杆做平动。

6）鹤式起重机。它是双摇杆机构的应用实例。当摇杆摆动时，另一摇杆随之摆动，使悬挂在吊绳上的重物在近似的水平直线上运动，避免重物平移时因不必要的升降而消耗能量。

7）牛头刨床。它应用了摆动导杆机构，仔细观察刨刀前进和后退的速度变化，会发现这种机构具有“急回运动”的特征。

8）插床。请观察插床的结构和运动，根据它的机构运动简图思考它是什么机构的应用。

通过上面介绍的8种应用实例，可以归纳出平面连杆机构在生产实际中所解决的两类基本问题：一是实现给定的运动规律，二是实现预期的运动轨迹。这也是设计连杆机构时的两类基本问题。

第4展柜　空间连杆机构

1）RSSR空间机构。这是一种常用的空间连杆机构。它由两个转动副（revolute pair，R）和两个球面副（spherical pair，S）组成，简称RSSR空间机构。此机构为空间曲柄摇杆机构，可用于传递交错轴间的运动。若改变构件的尺寸，可得到双曲柄或双摇杆机构。

2）4R万向联轴节。万向联轴节用于传递相交轴间的传动。它的四个转动副（R）轴线都汇交于定点，所以是一个球面机构。主动轴以匀角速度转动，而从动轴的角速度是变化的。若采用双万向联轴节，则可以得到主动轴与从动轴相等的角速度传动，但应注意安装时必须保证主动轴与中间轴的夹角等于从动轴与中间轴的夹角，并且中间轴两端的叉面必须位于同一平面内。万向联轴节两轴的夹角可在0～40°选取。

3）RRSRR角度传动机构。此机构是含有一个球面副（S）和四个转动副（R）的空间五杆机构。机构的特点是输入轴与输出轴的空间位置可任意安排，而且当球面副两构件布置对称时可获得两轴转速相同的传动。

4）RCCR联轴节。此联轴节是含有两个转动副（R）和两个圆柱副（cylindrical pair，C）的特殊空间机构，一般用于传递夹角为90°的相交轴之间的传动。在实际应用中，为了改善传力状况而采用多根连杆（本机构采用三根连杆）。

5）PSSR飞机起落架机构。此机构由一个移动副（prismatic pair，P）、两个球面副

（S）和一个转动副（R）组成，滑块往复移动，起落架便可收放。

6）Sarrut 机构。这是一个空间六杆机构，用于产生平行位移。其中一组构件的平行轴线通常垂直于另一组构件的轴线。当主动构件往复运动时，顶板相对固定底板做平行的上下移动。

第5展柜　凸 轮 机 构

凸轮机构可以实现各种复杂的运动要求，结构简单紧凑，因此被广泛应用于各种机械中。凸轮机构的类型很多，通常按凸轮的形状和从动件的形状来分类。

1）盘形凸轮机构。

① 尖端推杆盘形凸轮机构。这种凸轮是一个具有变化向径的盘形构件，当它绕固定轴转动时，可推动尖端推杆在垂直于凸轮轴的平面内运动。

② 滚子推杆盘形凸轮机构。因为这种带滚子的推杆与凸轮之间为滚动摩擦，所以较尖端推杆的磨损小，能传递较大的动力，应用较为广泛。

③ 平底推杆盘形凸轮机构。这种平底推杆的优点是凸轮对推杆的作用始终垂直于推杆底边，所以受力较平稳，且凸轮与平底接触面间易形成油膜，润滑较好，常用于高速传动中。

除做往复直线运动的推杆外，我们还可以找到能做往复摆动的推杆，即摆动推杆盘形凸轮机构。

2）槽形凸轮机构。它利用凸轮上的凹槽，使凸轮与推杆滚子始终保持接触，这种依靠特殊几何结构来封闭的方法称为几何封闭法或形封闭法。

3）移动凸轮机构。这是在盘形凸轮基础上演化的移动凸轮机构，凸轮做往复直线运动，推杆在垂直于凸轮运动轨迹的平面内运动。

4）等宽凸轮机构。它采用了几何封闭法。因与凸轮轮廓线相切的任意两平行线产生的距离始终相等，且等于框形推杆的框形内壁宽度，所以凸轮与推杆可始终保持接触。

5）反凸轮机构。机构中具有曲线轮廓的凸轮作为从动件时，同样可以实现特定的运动规律。

6）空间凸轮机构。端面凸轮机构、圆柱凸轮机构、圆锥凸轮机构均属于空间凸轮机构。当凸轮转动时，可使推杆按一定的运动规律运动。在空间凸轮机构的传动过程中，应通过力封闭法或几何封闭法使推杆与凸轮始终保持接触。

7）主回凸轮机构。它用两个固连在一起的凸轮控制一个从动件，其中一个凸轮轮廓（主凸轮）驱使从动件朝正方向运动，另一个凸轮轮廓（回凸轮）使从动件朝反方向运动，这样从动件运动规律便可在 360° 范围内任意选取，克服了等宽、等径凸轮的缺点，但是它的结构比较复杂。

第6展柜　齿轮机构的类型

在各种机器中，齿轮机构是应用最广泛的一种传动机构。常用的圆形齿轮机构种类

很多，根据两齿轮啮合传动时其相对运动是平面运动还是空间运动，齿轮机构可分为平面齿轮机构和空间齿轮机构两大类。

1）平面齿轮机构。

① 外啮合直齿圆柱齿轮机构，简称为直齿轮机构，是齿轮机构中应用最广泛的一种类型。直齿轮传动时，两轮的转动方向相反。

② 内啮合直齿圆柱齿轮机构。它由小齿轮和内齿圈组成，传动时两齿轮的转动方向相同。

③ 齿轮齿条机构。它是一种特殊的圆柱齿轮传动。齿条相当于一个半径为无穷大的圆柱齿轮。采用这种传动，可以实现旋转运动与直线往复运动之间的相互转换。

④ 斜齿圆柱齿轮机构，简称为斜齿轮机构。它的轮齿与其轴线倾斜了一个角度，这个角度称为螺旋角。与直齿轮传动相比，斜齿轮传动的主要优点是传动平稳、承载能力较强且寿命较强，突出的缺点是在运转时会产生轴向推力。

⑤ 人字齿轮机构。如果要完全消除斜齿轮机构的轴向力，则可将斜齿轮轮齿做成左右对称的形状，这种齿轮即人字齿轮机构。人字齿轮制造比较麻烦，主要用于冶金、矿山等的大功率传动机构中。

2）空间齿轮机构。

① 直齿圆锥齿轮机构。它是一种空间齿轮机构，用来传递空间两相交轴之间的运动和动力。直齿圆锥齿轮的轮齿为直齿，分布在圆锥体的表面，直齿圆锥齿轮传动是应用最广的圆锥齿轮传动。

② 斜齿圆锥齿轮机构。它的轮齿为斜齿，与直齿圆锥齿轮机构相比，它的主要优点是传动平稳、承载能力较强，但应用很少。

③ 螺旋齿轮机构。它用于传递两相交轴之间的运动。就单个齿轮来说，构成螺旋齿轮传动的两个齿轮都是斜齿圆柱齿轮。螺旋齿轮与斜齿轮机构的区别在于：斜齿轮机构用于传递两平行轴之间的运动，而螺旋齿轮机构则用于传递两交错轴之间的运动。所以，斜齿轮机构属于平面齿轮机构，而螺旋齿轮机构则属于空间齿轮机构。

④ 蜗杆蜗轮机构。它也用于传递两交错轴之间的运动，其两轴的交错角一般为90°。蜗杆传动有多种类型。蜗杆传动的主要优点是传动比大、具有自锁性、结构紧凑、传动平稳且无声；主要缺点是机械效率低、磨损大。

第 7 展柜　轮系的类型

所谓轮系，是指由一系列齿轮所组成的齿轮传动系统。轮系的类型很多，其组成也多种多样。根据轮系运转时各个齿轮的轴线相对机架的位置是否都是固定的，将轮系分为定轴轮系和周转轮系两大类。

1）定轴轮系。这种轮系在运转时，各个齿轮轴线相对机架的位置是固定的，故称为定轴轮系。若轮系全部由平面齿轮机构组成，则属于平面定轴轮系；若其中包含空间齿轮机构，则属于空间定轴轮系。

定轴轮系的传动比等于组成该轮系的各对啮合齿轮传动比的连乘积，其大小等于各对齿轮中所有从动轮齿数的连乘积与所有主动轮齿数的连乘积之比。

2）周转轮系。如果在轮系运转时，各个齿轮中有一个或几个齿轮轴线的位置并不固定，而绕着其他齿轮的固定轴线回转，则这种轮系称为周转轮系。周转轮系根据其所具有的自由度的数目可作进一步的划分。若周转轮系的自由度等于 1，则其称为行星轮系；若自由度为 2，则其称为差动轮系。

① 行星轮系。在此轮系中，把绕着固定轴线回转的齿轮称为中心轮，而把轴线绕着其他齿轮的固定轴线旋转的齿轮称为行星轮；支承行星轮且绕固定轴线回转的构件称为系杆（或行星架）。由于一般都以中心轮和系杆作为运动的输入和输出构件，因此又常称它们为周转轮系的基本构件。基本构件都是围绕着同一固定轴线回转的。

② 差动轮系。与行星轮相啮合的两个中心轮都在运动，整个轮系的自由度为 2。为了确定这种轮系的运动，一般需要给定两个构件以独立的运动规律。如果将大中心轮加以固定，则自由度为 1，轮系变为行星轮系。

周转轮系常根据基本构件的不同加以分类。两个周转轮系中包含一个系杆 H，两个中心轮 K，称为 2K-H 型周转轮系。包含三个中心轮的一个周转轮系，称为 3K 型周转轮系。在实际机构中采用最多的是 2K-H 型周转轮系。

3）复合轮系。更复杂的轮系，可能既包含定轴轮系部分，也包含周转轮系部分，或者由几部分周转轮系组成，这种复杂轮系称为复合轮系。计算复合轮系传动比的正确方法是将其所包含的各部分定轴轮系和各部分周转轮系分开，并分别应用定轴轮系和周转轮系传动比的计算公式求出它们的传动比，然后联立求解，从而求出该轮系的传动比。

第 8 展柜　轮系的功用

在各种机械中，轮系的应用是十分广泛的，其功用大致可以归纳为以下几个方面。

1）利用轮系获得较大的传动比。当两轴之间需要较大传动比时，如果仅用一对齿轮传动，则必然使两轮的尺寸相差很大，这样不仅导致传动机构的外廓尺寸较大，而且较易损坏小齿轮。因此，当两轴间需要较大传动比时，就需要采用轮系来满足。

2）利用轮系实现分路传动。一个主动齿轮带动三个从动齿轮同时旋转，实现所谓分路传动。

3）利用轮系实现变速传动。变速传动模型上下两轴分别为主动轴及从动轴，双联齿轮用滑键与主动轴相连，可在轴上滑移。从动轴上固定有两个齿轮。当操纵双联滑移齿轮时可获得两种啮合情况，即可得到两种不同的传动比。这样，在主动轴转速不变的条件下，利用轮系可使从动轴得到两种不同的转速。

4）利用轮系实现换向传动。在主动轴转向不变的条件下，利用轮系可以改变从动轴的转向。车床上走刀丝杆的三星轮换向机构，当主动轮的运动经活动机构架上的两个中间轮传给从动轮时，从动轮与主动轮的转向相反。如果转动三角形构件，使主动轮只

经过一个中间轮传给从动轮，则从动轮与主动轮的转向相同。

5）利用轮系作运动的分解。观察汽车后桥上的差速器模型，汽车两个后轮的转动就是由驱动齿轮的转动经差动轮系分解后而获得的。此轮系具有如下特点：当汽车沿直线行驶时，两个后轮的转速相等；当汽车转弯时，两个后轮的转速不同，如向左转弯，则左边后轮转速慢，而右边后轮转速快，可以保证汽车顺利行驶。

6）利用轮系作运动的合成。差动轮系不仅可以将转动分解，还可以将两个独立的转动合成一个转动。可以观察到的情况是：系杆 H 转速是锥齿轮 1 及 3 转速的合成。差动轮系可实现运动合成的这种性能，在机床、计算机、补偿调整装置中得到了广泛的应用。

7）轮系在应用过程中也不断得到发展，摆线针轮减速器和谐波传动减速器就是其中的两例。

① 摆线针轮减速器，是一种行星齿轮传动装置。与渐开线齿轮减速器相比，它具有重合度大、承载能力强、传动效率高、运转平稳、结构紧凑等特点。

② 谐波齿轮传动也是利用行星轮系传动原理发展起来的一种新型传动。观察一下谐波传动减速器的结构，可以发现它主要由波发生器、刚轮和柔轮三个基本构件组成。与行星齿轮传动一样，在这三个构件中必须有一个是固定的，而其余两个，一个为原动件，另一个便为从动件，一般多采用波发生器作原动件。与一般齿轮减速器相比，谐波传动减速器具有传动比大而范围宽、承载能力较强、零件少、体积小、质量轻、运动精度高、运转平稳等优点。

第 9 展柜　间歇运动机构

间歇运动机构被广泛用于各种需要非连续传动的场合。下面分别介绍常用的棘轮机构、槽轮机构和不完全齿轮机构，以及凸轮式间歇运动机构。

1）棘轮机构。

① 齿式棘轮机构。该机构由棘轮、棘爪、摇杆和止动棘爪所组成。当摇杆逆时针摆动时，棘爪便插入棘轮齿间，推动棘轮转过某一角度；等摇杆顺时针摆动时，止动棘爪阻止棘轮顺时针转动，同时棘爪在棘轮的齿背上滑过，故棘轮静止不动。这样，当摇杆连续往复摆动时，棘轮便得到单向的间歇运动。

② 摩擦式棘轮机构。在此机构中，摩擦块与棘爪用铰链连接。当摇杆逆时针摆动时，摩擦块促使棘爪与棘轮的齿面接触，使棘轮回转；当摇杆顺时针摆动时，摩擦块撑起棘爪，使棘爪离开棘轮且越过其齿顶，达到无声间歇传动的要求。

③ 超越离合器，它也可以被看作一种棘轮机构。此机构由爪轮、套筒、滚柱、弹簧顶杆等组成。以爪轮为原动件，当其顺时针回转时，滚柱借助摩擦力而滚向空隙的收缩部分，并将套筒压紧，使其随爪轮一同回转；而当爪轮逆时针回转时，滚柱即被滚到空隙的宽大部分而将套筒松开，这时套筒静止不动。因此，当主动轮以任意角速度反复

转动时，可使从动的套筒获得任意大小转角的单向间歇运动。所谓超越离合器，是说当主动爪轮顺时针转动时，如果套筒顺时针转动的速度超过了主动爪轮的转速，则两者便自动分离，套筒以较高的速度自由转动。当主动爪轮逆时针转动时，情况也是一样。例如，自行车中的飞轮便是一种超越离合器。

2）槽轮机构。

① 外槽轮机构由主动拨盘、从动槽轮及机架组成。当拨盘以等角速度做连续回转时，槽轮时而转动、时而静止。

② 内槽轮机构的槽轮和拨盘回转方向相同，这是与外槽轮机构不同的地方。内槽轮机构不如外槽轮机构应用广泛。

无论是外槽轮还是内槽轮机构，它们均用于平行轴之间的间歇传动。当需要两相交轴之间进行间歇传动时，可采用球面槽形机构。观察两轴相交角为90°的球面槽形机构的传动情况，槽形机构的特点是构造简单、外形尺寸小、机构效率较高，并且能较平稳地、间歇地进行转位。

3）不完全齿轮机构也可用于间歇传动。

① 渐开线不完全齿轮机构。它的主动轮为一不完全渐开线齿轮，而从动轮则是由正常齿和厚齿组成的特殊齿轮。

② 摆线针轮不完全齿轮机构。在此机构中，不完全齿轮为摆线针轮。摆线针轮不完全齿轮多用在一些具有特殊运动要求的专用机械中。

4）凸轮式间歇运动机构。这是由特殊结构的凸轮构成的间歇运动机构，多用在一些具有特殊运动要求的专业机械中。

第10展柜　组 合 机 构

由于生产上对机构运动形式、运动规律和机构性能等方面要求的多样性和复杂性，以及单一机构性能的局限性，仅采用某一种基本机构往往不能满足设计要求，因此常需把几种基本机构联合起来组成一种组合机构。组合机构可以是同类基本机构的组合，也可以是不同类型基本机构的组成。常见的组合方式有串联、并联、反馈及叠加等。

1）联动凸轮组合机构。机构有两个凸轮，它们协调配合控制 X 及 Y 方向的运动，可以使共同滑块上的点实现预定的运动轨迹。

2）凸轮-蜗杆组合机构。本机构由凸轮机构与蜗杆机构组合而成。蜗杆为主动件，固连在蜗轮上的槽形凸轮驱动异形推杆运动；推杆迫使蜗杆做轴向移动，使蜗轮获得附加运动，从而实现机构的反馈调节。

3）联动凸轮机构，它不仅可以使水平构件实现预期的运动要求，而且可以使水平构件最上端的点按照所需的轨迹运动。

4）由连杆机构与扇形齿轮机构组合而成的组合机构，在曲柄转动时，通过柱销和滑槽推动扇形齿轮摆动，从而使从动齿轮转动。

5）凸轮-齿轮组合机构。凸轮通过滚子使齿条移动，并驱动齿轮转动。这是齿轮加工机床中用作运动误差校正装置的局部传动。

6）凸轮-连杆组合机构，它能实现预定的运动轨迹。

7）齿轮-连杆组合机构，它可以实现预定的运动规律。

8）由锥齿轮机构与连杆机构组合而成的组合机构，是一种叠加机构。仔细观察这种叠加机构的结构和运动，思考它有什么特点。

5. 实验步骤

1）按照机械原理陈列柜所展示机构与机器的顺序，按照机构由简单到复杂进行参观认知，指导教师作简要讲解。

2）在听取指导教师讲解的基础上，分组仔细观察各种机构和机器的结构、类型、运动特点及应用范围，并了解应用实例。

6. 思考题

1）以一个机器模型为例，说明该机器由哪些机构组成，其基本工作原理是怎样的。

2）铰链四杆机构的类型有哪些？举例说明各种类型的应用实例。

3）凸轮机构的类型有哪些？举例说明凸轮机构的应用实例。

4）常用的齿轮传动有哪些种类？举例说明齿轮传动的应用实例。

5）轮系分为哪些种类？周转轮系中行星轮的运动有何特点？轮系的功用主要有哪些？

6）常用的间歇机构有哪些？举例说明这些主要间歇机构的应用实例。

1.2　机械原理现场认知实验报告

1. 实验目的

2. 实验设备

3. 回答问题

1）以一个机器模型为例，说明该机器由哪些机构组成，其基本工作原理是怎样的。

2）铰链四杆机构的类型有哪些？举例说明各种类型的应用实例。

3）凸轮机构的类型有哪些？举例说明凸轮机构的应用实例。

4）常用的齿轮传动有哪些种类？举例说明齿轮传动的应用实例。

5）轮系分为哪些种类？周转轮系中行星轮的运动有何特点？轮系的功用主要有哪些？

6）常用的间歇机构有哪些？举例说明这些主要间歇机构的应用实例。

4. 收获、体会和建议

通过机械原理现场认知实验后，你有何收获、体会和建议？

实验 2 机构运动简图测绘实验

2.1 机构运动简图测绘实验指导书

1. 实验目的

1）了解生产中实际使用机器的用途、工作原理及机构组成情况。
2）通过对机械实物或模型的测绘，掌握机构运动简图的绘制方法。
3）掌握机构自由度的计算方法，验证机构具有确定运动的条件。

2. 实验设备和工具

1）若干典型机械的实物或机构模型。
2）钢直尺、卷尺，精密测绘时还应配备游标卡尺及内外卡钳。
3）自备：铅笔、橡皮、三角尺、圆规、草稿纸等。

3. 实验原理

机构是构件通过运动副连接而组成的系统，机构运动简图是一种能够表达复杂机器传动原理和机构运动特征的简单图形。机构的运动仅与机构中构件的数目，各构件组成的运动副的类型、数目，以及各运动副的相对位置有关，而与构件的复杂外形和运动副的具体结构无关。用简单的线条或图形轮廓表示构件，以规定的符号代表运动副，按一定比例尺寸关系确定运动副的相对位置，绘制出反映机构在某一位置时各构件间相对运动关系的简图，即机构运动简图。掌握机构运动简图的绘制方法，是工程技术人员进行机构设计、机构分析、方案讨论和交流所必需的。

4. 实验内容

1）绘制机械实物或机构模型，指出它是什么机构类型，并计算机构的自由度。
2）判断原动件数目与机构的自由度是否相等，分析机构运动的确定性。
3）每个学生必须绘出至少三个机构运动简图，其中一幅简图需按比例尺绘制，其余可凭目测绘制，但图形应与实物大致成比例。

5. 实验步骤

（1）确定机构中构件的数目

缓慢地驱动被测绘的机械实物或机构模型，确定原动件。从原动件开始仔细观察所测绘机构中各构件的运动，分出运动单元，确定机构的构件数目，进而确定原动件、执行构件、机架及各从动件。

（2）确定运动副的类型和数目

根据相连接的两构件间的接触情况及相对运动性质，确定各运动副的类型和数目。

（3）合理选择机构运动简图的投影面

一般选择与机构的多数构件的运动平面相平行的平面作为投影面，必要时也可以根据机构的不同部分选择两个或两个以上的投影面，然后展开到同一平面上，或者把主运动简图上难以表达清楚的部分，另绘成一局部简图。总之，以简单清楚地把机构的运动情况正确表示出来为原则。

（4）画出机构运动简图的草图

将原动件转到某一适当位置，以便在绘制机构运动简图时，能清楚地表示各构件之间和运动副之间的相对位置。根据各构件在投影面上的投影状况，从原动件开始，循着运动传递路线，目测各运动副的相对位置，使实物与机构运动简图大致成比例，在草稿纸上，按规定的符号徒手画出机构简图的草图。

（5）计算机构的自由度

机构的自由度用 F 表示，计算平面机构自由度的公式为 $F=3n-2P_{\mathrm{L}}-P_{\mathrm{H}}$，其中 n 为机构中活动构件的数目，P_{L} 为平面低副数目，P_{H} 为平面高副数目。将计算结果与实物对照，观察自由度是否与原动件数目相等，应特别注意在机构中存在虚约束、局部自由度、复合铰链情况下自由度的计算。

（6）确定比例尺，作正式的机构运动简图

仔细测量机构的运动学尺寸，任意假定原动件的位置，并按一定的比例绘制机构运动简图，注明构件的运动学尺寸。

运动学尺寸是指同一构件上两运动副元素之间的相对位置参数。通常包含以下几类。

1）对于同一构件上任意两转动副，其中心间的距离即运动学尺寸，若该构件是机架，则还需加上两转动副中心连线长度与参考直线之间的夹角，如图 2-1 所示构件 1 中的 L_{AB}、L_{AD}，构件 2 中的 L_{BC}，构件 4 中的 L_{DE}，构件 5 中的 L_{FE}、L_{FG}，构件 6 中的 L_{GH}，以及机架构件 8 中的 L_{AF} 和夹角 α。

2）对于同一构件上两移动副，如果其导路方向线平行，则其导路中心线间的垂直距离为机构的运动学尺寸，图 2-1 所示机架 8 上 C、H 两处移动副导路中心线之间的垂直距离 L_D，即其运动学尺寸；若两移动副导路方向线不平行，则其导路中心线间的夹角即机构的运动学尺寸，特殊的（当其夹角为 90° 时）可以省略。

3）对于同一构件上某一转动副与另一移动副，从转动副中心到移动副导路中心线

间的垂直距离为机构的运动学尺寸。如图 2-1 所示，机架 8 上转动副中心 A 到移动副 C 的导路中心线的垂直距离等于零，故可以省略。

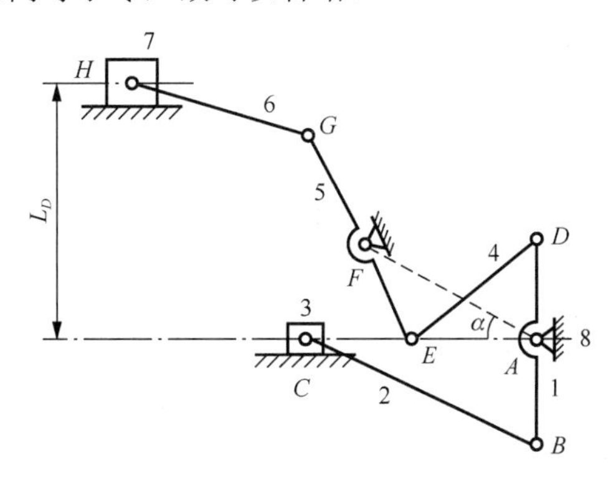

图 2-1　蒸汽机机构运动简图

4）在高副中，凸轮副的轮廓形状应按实际绘制。

根据测量的运动学尺寸，选定比例尺 μ_l 为

$$\mu_l = \frac{\text{实际长度（m）}}{\text{图示长度（mm）}}$$

在实验报告纸上，用三角板和圆规，根据上述草图按选定的比例尺，画出正式的机构运动简图。用箭头标示原动件，以阿拉伯数字（1、2、3、…）依次标注各构件，大写英文字母（A、B、C、…）标注各运动副，并列表说明构件的运动学尺寸，图 2-1 所示为蒸汽机机构运动简图。

常用机构运动简图符号见表 2-1，一般构件的表示方法见表 2-2，常用平面运动副的简图符号见表 2-3。

表 2-1　常用机构运动简图符号

名称	运动简图符号	名称	运动简图符号
在支架上的电动机		齿轮齿条传动	
带传动		锥齿轮传动	

续表

名称	运动简图符号	名称	运动简图符号
链传动	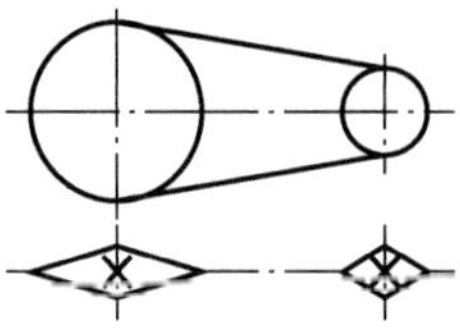	圆柱蜗杆传动	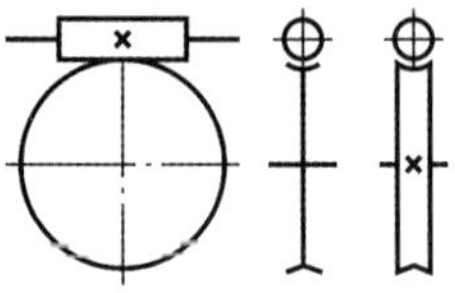
摩擦轮传动	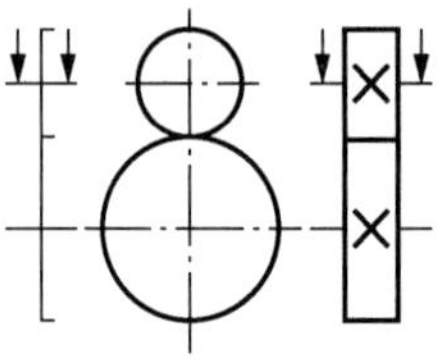	凸轮机构	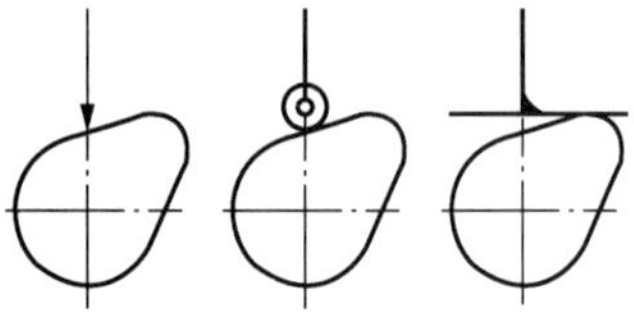
外啮合圆柱齿轮传动	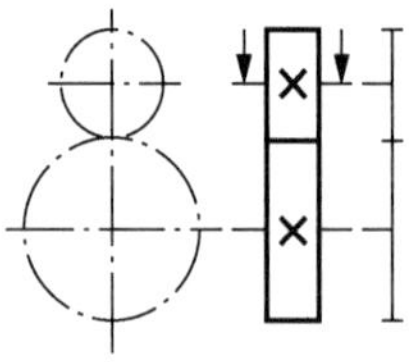	槽轮机构	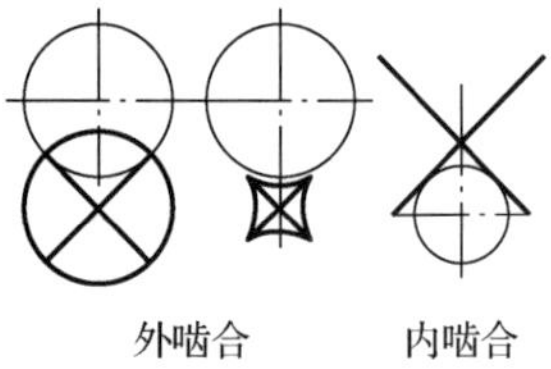 外啮合　内啮合
内啮合圆柱齿轮传动	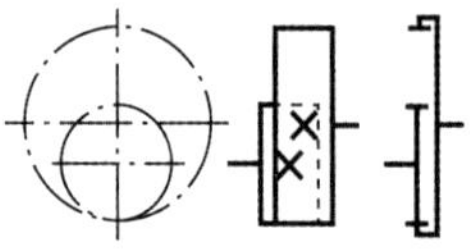	棘轮机构	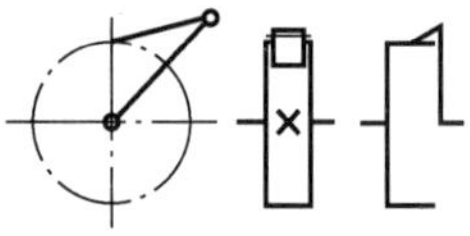

表 2-2　一般构件的表示方法

构件	表示方法
杆、轴类构件	
固定构件	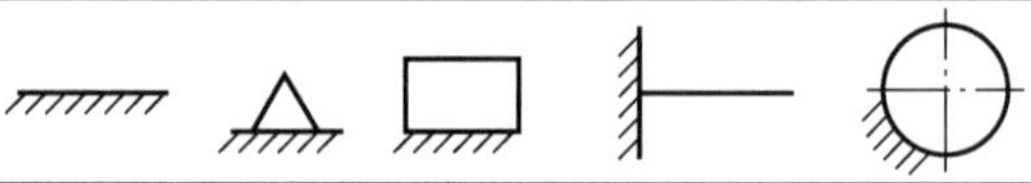
同一构件	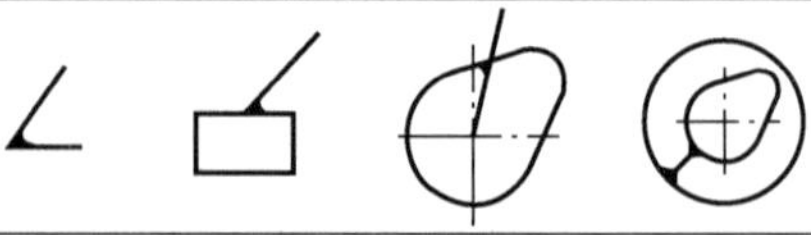
两副构件	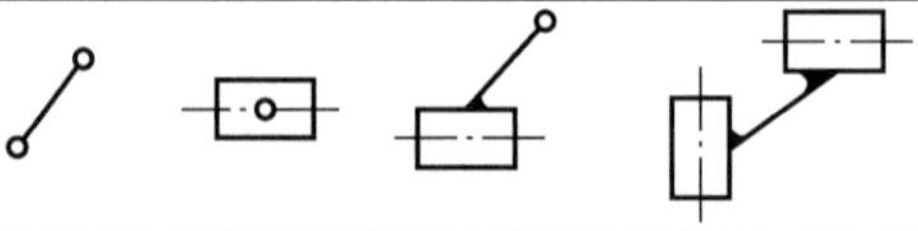
三副构件	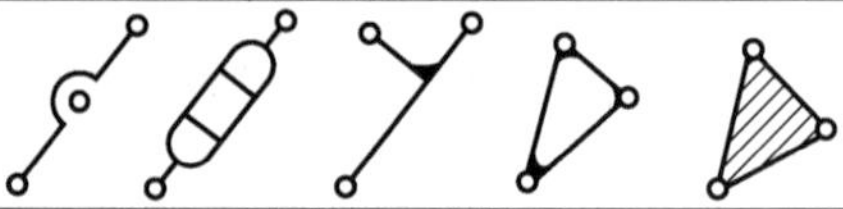

表 2-3　常用平面运动副的简图符号

<table>
<tr><th rowspan="2">名称</th><th colspan="2">运动副符号</th></tr>
<tr><th>两运动构件构成的运动副</th><th>两构件之一为固定时的运动副</th></tr>
<tr><td>转动副</td><td></td><td></td></tr>
<tr><td>移动副</td><td></td><td></td></tr>
<tr><td>平面高副</td><td></td><td></td></tr>
</table>

6. 注意事项

1）绘制机构运动简图时，须将原动件转到某一适当位置，使各构件不相互重叠。
2）注意一个构件在中部与其他构件用转动副连接的表示方法。
3）机架的相关尺寸不应遗漏。
4）两个运动副不在同一运动平面时，应注意其相对位置尺寸的测量方法。

7. 思考题

1）一个正确的机构运动简图应能说明哪些内容？机构运动简图的功用是什么？
2）绘制机构运动简图时，原动件的位置能否任意选定？会不会影响简图的正确性？
3）机构自由度的计算对机构分析和设计有何意义？

2.2　机构运动简图测绘实验报告

1. 实验目的

2. 实验设备

3. 实验原理

4. 绘制机构运动简图

机构名称	$\mu_l =$
机构运动简图	运动学尺寸
原动件数目= 活动构件数 n= 低副数 $P_L =$ 高副数 $P_H =$	
机构自由度 $F = 3n - 2P_L - P_H$	
该机构是否具有确定的运动规律	

机构名称	$\mu_l =$
机构运动简图	运动学尺寸
原动件数目= 活动构件数 n= 低副数 $P_L =$ 高副数 $P_H =$	
机构自由度 $F = 3n - 2P_L - P_H$	
该机构是否具有确定的运动规律	

<table>
<tr><td>机构名称</td><td>$\mu_l =$</td></tr>
<tr><td>机构运动简图</td><td>运动学尺寸</td></tr>
<tr><td colspan="2">原动件数目=　　活动构件数 $n =$　　低副数 $P_L =$　　高副数 $P_H =$</td></tr>
<tr><td colspan="2">机构自由度 $F = 3n - 2P_L - P_H$</td></tr>
<tr><td colspan="2">该机构是否具有确定的运动规律</td></tr>
</table>

注意：上面所画的机构运动简图中，如果有复合铰链、局部自由度、虚约束，则应在图中指明。

实验 3　渐开线齿轮展成原理实验

3.1　渐开线齿轮展成原理实验指导书

1. 实验目的

1）掌握用展成法加工渐开线齿廓的基本原理，观察齿廓曲线的形成过程。

2）了解渐开线齿轮产生根切现象和齿顶变尖现象的原因，以及用变位来避免发生根切的方法。

3）分析、比较渐开线标准齿轮和变位齿轮齿形的异同点。

2. 实验设备和工具

1）齿轮展成仪。

2）自备：ϕ220mm 圆形绘图纸一张（圆心要标记清楚）。

3）HB 铅笔、橡皮、圆规（带延伸杆）、三角尺、剪刀及计算器。

3. 实验原理

展成法是利用一对齿轮（或齿条与齿轮）相互啮合时其共轭齿廓互为包络线的原理来加工齿轮的一种方法。刀具刃廓为渐开线齿轮（齿条）的齿形，它与被切削齿轮轮坯的相对运动，与相互啮合的一对齿轮（或齿条与齿轮）的啮合传动完全一样，显然这样切制得到的轮齿齿廓就是刀具的刃廓在各个位置时的包络线。由于实际加工时看不到刃廓在各个位置形成包络线的过程，故通过齿轮展成仪来实现刀具与轮坯间的展成运动，并用铅笔将刀具刃廓的各个位置画在图纸上，这样就可以清楚地观察到齿轮展成的过程。

展成仪的结构简图如图 3-1 所示，本展成仪所用的两把刀具模型为齿条刀，其参数为模数 $m_1 = 20\text{mm}$，模数 $m_2 = 8\text{mm}$，压力角 $\alpha=20°$，齿顶高系数 $h_a^* = 1$，顶隙系数 $c^* = 0.25$。圆盘 2 代表齿轮加工机床的工作台；固定在它上面的圆形纸代表被加工齿轮的轮坯，它们可以绕机架 5 上的轴线转动。齿条刀 3 代表切齿刀具，安装在滑板 4 上，移动滑板时，齿轮齿条使圆盘 2 与滑板 4 做纯滚动，用铅笔依次描下齿条刃廓在各瞬时的位置，即可包络出渐开线齿廓。齿条刀 3 可以相对于圆盘做径向移动，当齿条刀具中

线与轮坯分度圆之间移距为 xm 时（由滑板 4 上的刻度指示），被切齿轮分度圆和与刀具中线相平行的节线相切并做纯滚动，可切制出标准齿轮（xm=0）或正变位（xm>0）、负变位（xm<0）齿轮的齿廓。

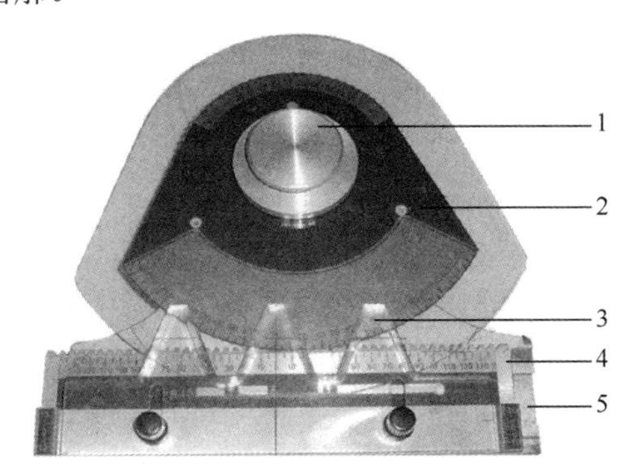

1—压板；2—圆盘；3—齿条刀；4—滑板；5—机架。

图 3-1　展成仪的结构简图

4. 实验内容

要求完成切制 m=20mm、z=8 的标准、正变位（$x_1=0.5$）和负变位（$x_2=-0.5$）渐开线齿廓，每种齿廓都须画出两个完整的齿形，再比较这三种齿廓的异同点。

5. 实验步骤

（1）制作实验轮坯纸片

按 m=20mm、z=8、α=20°、$h_a^*=1$、$c^*=0.25$、$x_1=0.5$、$x_2=-0.5$ 分别计算标准、正变位、负变位三种渐开线齿廓的分度圆直径 d、齿顶圆直径 d_a、齿根圆直径 d_f、基圆直径 d_b 和标准齿轮的齿距 p、分度圆齿厚 s、齿间距 e。将作为轮坯的圆形绘图纸均分为三个扇形区，分别在三个扇形区内画出三种齿廓的上述四个圆（分度圆、齿顶圆、齿根圆、基圆），并沿最大圆的圆周剪成圆形纸片，作为实验的轮坯。此步骤应在实验课前完成。

（2）绘制标准齿轮齿廓

步骤 1　将轮坯圆纸安装在展成仪上，使标准齿轮扇形区正对齿条位置，旋紧螺母用压板 1 压紧圆纸。

步骤 2　调整齿条刀 3 的位置，使其中线与轮坯分度圆相切，并将齿条刀 3 与滑板 4 紧固。

步骤 3　将齿条刀推至一边极限位置，依次移动齿条刀（单向移动，每次不超过 1mm），并依次用铅笔描出刀具刃廓各瞬时的位置，要求绘出两个以上完整齿形。

步骤 4　测量分度圆齿厚 s、齿间距 e，并观察根切现象。

（3）绘制正变位齿轮齿廓

步骤 1 松开压紧螺母，转动轮坯圆纸，将正变位扇形区正对齿条位置，并压紧圆纸。

步骤 2 将齿条刀 3 中线调整到远离齿坯分度圆 $x_1 m = 0.5 \times 20\text{mm} = 10\text{mm}$ 处，并将齿条刀 3 与滑板 4 紧固。

步骤 3 绘制出两个以上完整齿形（重复绘制标准齿轮齿廓的步骤 3）。

步骤 4 观察此齿形与标准齿形的区别（齿顶、齿根及分度圆 s、e）。

（4）绘制负变位齿轮齿廓

步骤 1 松开压紧螺母，转动轮坯圆纸，将负变位扇形区正对齿条位置，并压紧圆纸。

步骤 2 将齿条刀 3 中线调整到靠近齿坯分度圆中心，距分度圆 $|x_2 m| = |-0.5 \times 20\text{mm}| = 10\text{mm}$ 处，并将齿条刀 3 与滑板 4 紧固。

步骤 3 绘制出两个以上完整齿形（重复绘制标准齿轮齿廓的步骤 3）。

步骤 4 观察此齿形与标准、正变位齿形的区别及根切现象。

6. 注意事项

1）代表轮坯的纸片应有一定的厚度，纸面应平整无明显翘曲，以防在实验过程中顶在齿条刀 3 的齿顶部。

2）轮坯纸片装在圆盘 2 上时应固定可靠，在实验过程中不得随意松开或重新固定；否则可能导致实验失败。

3）在做对应实验的第 3 步时，应从始至终将滑板从一个极限位置沿一个方向逐渐推动，直到画出所需的全部齿廓，不得来回推动，以免展成仪啮合间隙影响实验结果的精确性。

7. 展成齿廓的轮坯图样

展成齿廓的轮坯图样如图 3-2 所示。

（1）图示齿轮锻件图参数

标准齿廓：m=20mm，z=8，x=0。

正变位齿廓：m=20mm，z=8，x=+0.5。

负变位齿廓：m=20mm，z=8，x=−0.5。

（2）制作方法

1）根据说明书提供的齿轮参数，计算齿轮几何尺寸（分度圆、齿根圆、齿顶圆直径）。

2）用绘图纸绘制毛坯图，绘出计算好的齿轮几何尺寸和对刀线，如图 3-2 所示。

3）沿最大的虚线圆将轮坯剪下备用。

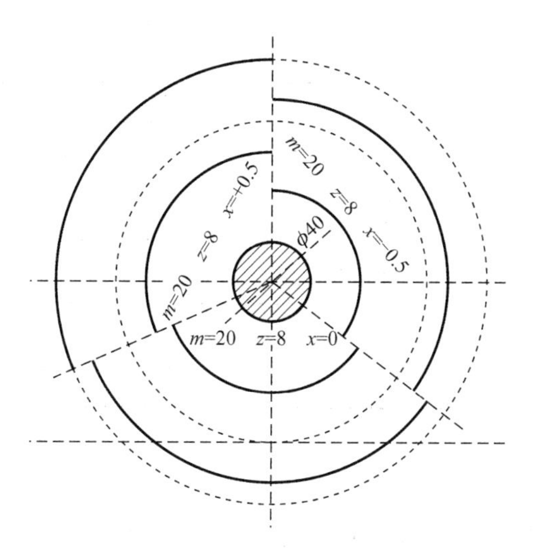

图 3-2　展成齿廓的轮坯图样

3.2　渐开线齿轮展成原理实验报告

1. 实验目的

2. 实验设备

3. 齿轮几何尺寸计算

m=20mm，α=20°，z=8，$h_a^*=1$，$c^*=0.25$，变位系数 $x_1=0.5$，$x_2=-0.5$。

项目	公式	计算结果		
		标准	正变位	负变位
分度圆直径 d	$d=mz$			
齿顶圆直径 d_a	$d_a=d+2(h_a^*+x)m$			
齿根圆直径 d_f	$d_f=d-2(h_a^*+c^*-x)m$			

续表

项目	公式	计算结果		
		标准	正变位	负变位
基圆直径 d_b	$d_b = d\cos\alpha$			
齿条刀移距 l	$l = xm$			
分度圆齿厚 s	$s = \frac{\pi m}{2} + 2xm\tan\alpha$			
分度圆齿间距 e	$e = \frac{\pi m}{2} - 2xm\tan\alpha$			
是否发生根切				

4. 回答问题

1）记录得到的标准齿轮齿廓和正、负变位齿轮齿廓形状是否相同？为什么？

2）通过实验，你观察到的根切现象发生在基圆之内还是在基圆之外？是由什么原因引起的？如何避免根切？

3）比较同一齿条刀加工出的标准齿轮和正变位齿轮的以下参数尺寸：m、α、r、r_b、h_a、h_f、p、s、s_a。哪些变了？哪些没有变？为什么？

5. 附齿廓展成图

实验 4 渐开线直齿圆柱齿轮参数测定实验

4.1 渐开线直齿圆柱齿轮参数测定实验指导书

1. 实验目的

1）掌握用游标卡尺测定渐开线直齿圆柱齿轮几何尺寸的方法。
2）通过测量和计算，确定渐开线直齿圆柱齿轮的基本参数。
3）通过公法线长度的比较，判断齿轮的变位情况，计算变位系数 x。

2. 实验设备和工具

1）齿轮一对（齿数为奇数和偶数各一个）。
2）游标卡尺：0～200mm。
3）自备：渐开线函数表。
4）自备：计算器。

3. 实验原理

渐开线齿轮的基本参数有五个：z、m、α、h_a^*、c^*。其中 m、α、h_a^*、c^* 均应取标准值，z 为正整数。对于变位齿轮，还有一个重要参数，即变位系数 x，变位齿轮及变位齿轮传动的诸多尺寸均与 x 有关。通过测量齿顶圆直径 d_a、齿根圆直径 d_f、公法线长度 W_k' 与 W_{k+1}' 可以确定齿轮的基本参数。

4. 实验内容

（1）标准齿轮

由标准直齿圆柱齿轮公法线长度的计算知，如果跨 k 个齿，则其公法线长度应为

$$W_k = (k-1)p_b + s_b$$

如果跨 $k+1$ 个齿，则其公法线长度应为

$$W_{k+1} = kp_b + s_b$$

故

$$p_b = W_{k+1} - W_k$$

又因为

$$p_b = p\cos\alpha = \pi m\cos\alpha$$

所以

$$m = \frac{p_b}{\pi\cos\alpha}$$

式中，因α一般为20°或15°，m应符合标准模数系列。分别将20°和15°代入模数公式，算出两个模数，其中最接近标准模数值的一组 m 和α，即所求齿轮的模数和压力角。

（2）变位齿轮

若被测齿轮是变位齿轮，还需确定变位系数 x。首先比较被测齿轮的公法线长度的测量值W'_k与理论计算值W_k（可从《机械设计手册》中查出，或用公式计算出）。若$W'_k = W_k$，则被测齿轮为标准齿轮；若$W'_k \neq W_k$，则被测齿轮为变位齿轮。

因为

$$W'_k = W_k + 2xm\sin\alpha$$

所以

$$x = \frac{W'_k - W_k}{2m\sin\alpha}$$

若 $x>0$，则被测齿轮为正变位齿轮；若 $x<0$，则被测齿轮为负变位齿轮。

（3）确定齿轮的齿顶高系数h_a^*和顶隙系数c^*

通过测量齿顶圆直径d_a与齿根圆直径d_f，确定齿顶高系数h_a^*和顶隙系数c^*。偶数齿齿轮的d_a与d_f可直接用游标卡尺测得，如图4-1（a）所示。奇数齿齿轮的d_a与d_f须间接测量，如图4-1（b）所示。先量出孔径D，再分别量出孔壁到某一齿顶的距离H_1和孔壁到某一齿根的距离H_2，则d_a与d_f分别为

$$d_a = D + 2H_1$$
$$d_f = D + 2H_2$$

于是

$$h = \frac{d_a - d_f}{2} = H_1 - H_2$$

对于标准齿轮$h = (2h_a^* + c^*)m$，分别将$h_a^* = 1$、$c^* = 0.25$（正常齿制）或$h_a^* = 0.8$、$c^* = 0.3$（短齿制）代入，若等式成立，即可确定齿轮是正常齿还是短齿，进而确定h_a^*和c^*；若等式不成立，则齿轮是变位齿轮，根据等式接近成立的原则，可确定齿轮是正常齿还是短齿，进而确定h_a^*和c^*。

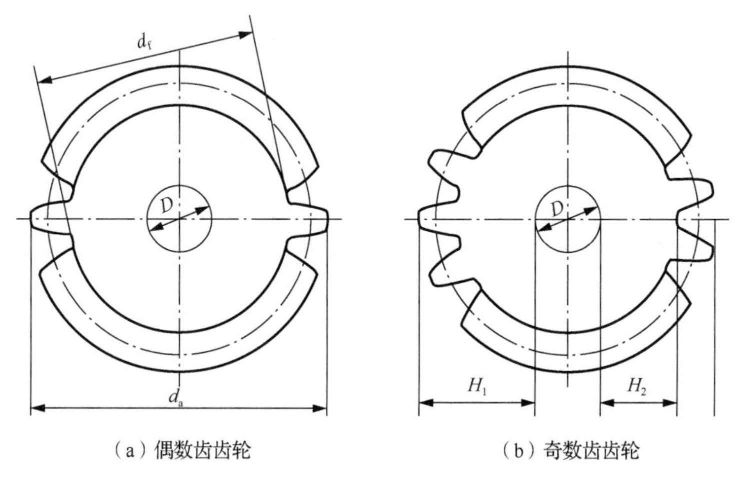

图 4-1　齿轮 d_a 与 d_f 的测量

5. 实验步骤

1）数出各轮齿数，确定测量公法线长度的跨测齿数 k。确定跨测齿数是为了保证在测量中，跨 k 及 k+1 个齿时卡尺的量爪均能与齿廓渐开线相切，并且能切于分度圆附近。跨测齿数 k 可以从表 4-1 中查出。

表 4-1　齿数和跨测齿数的关系

z	12～18	19～27	28～36	37～45	46～54	55～63	64～72
k	2	3	4	5	6	7	8

2）分别测出各齿轮的公法线长度 W_k' 和 W_{k+1}'。如图 4-2 所示，用游标卡尺测出跨 k 个齿时的公法线长度 W_k'。为减少测量误差，W_k' 的值应在齿轮一周的三个均分部分测量三次，取其平均值。按同样方法可测出跨 k+1 个齿时的公法线长度 W_{k+1}'。

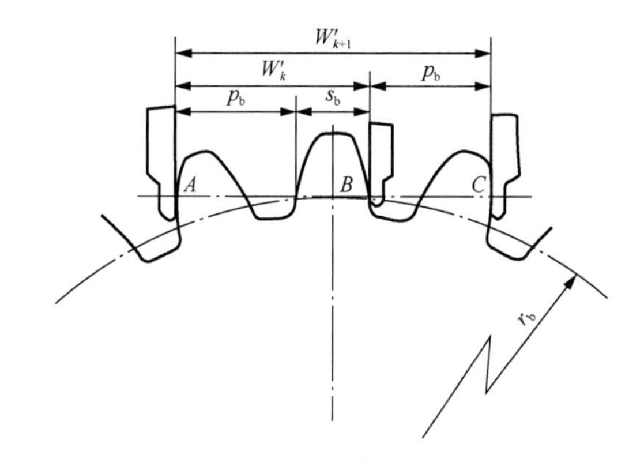

图 4-2　用游标卡尺测公法线长度

3）通过 $p_b = W'_{k+1} - W' = \pi m \cos\alpha$，确定各齿轮的 m、α。

4）测量偶数齿齿轮的 d_a、d_f。

5）测量奇数齿齿轮的 D、H_1、H_2，计算出 d_a、d_f。

6）计算齿高，通过 $h = (2h_a^* + c^*)m$，确定出各齿轮的 h_a^*、c^*。

7）计算标准齿轮公法线长度 $W_k = m\cos\alpha[(k-0.5)\pi + z\,\mathrm{inv}\,\alpha]$。

将 W_k 与 W'_k 进行比较：若 $W'_k = W_k$，则齿轮为标准齿轮，x=0；若 $W'_k \neq W_k$，则齿轮为变位齿轮，$x = (W'_k - W_k)/(2m\sin\alpha)$。

6. 注意事项

1）实验前应了解游标卡尺与公法线千分尺正确的使用方法和读数方法。

2）测量齿轮的几何尺寸时，应选择不同轮齿测量三次，取其平均值作为测量结果。

3）实验时应携带渐开线函数表、计算器及刻度尺等。

4）通过实验求出的基本参数 m、α、h_a^*、c^* 必须圆整为标准值。

5）测量的尺寸精确到小数点后两位。

7. 思考题

1）齿轮的模数 m 和压力角 α 是如何确定的？测量齿轮的公法线长度时应注意什么？

2）奇数齿齿轮的齿顶圆直径 d_a、齿根圆直径 d_f 是如何测出的？

3）齿轮的齿顶高系数 h_a^*、顶隙系数 c^* 是如何确定的？

4）如何确定所测齿轮是否变位？变位系数如何确定？

4.2 渐开线直齿圆柱齿轮参数测定实验报告

1. 实验目的

2. 实验设备和工具

3. 实验原理

4. 实验数据记录及计算

被测齿轮编号								
z								
跨齿数 k/个								
测量次数	1	2	3	平均值	1	2	3	平均值
W'_k /mm								
W'_{k+1} /mm								
d_a /mm								
d_f /mm								
m/mm								
α/（°）								
h_a^*								
c^*								
x								

实验 5

机械运动参数测定实验

5.1　机械运动参数测定实验指导书

1. 实验目的

1）通过实验，了解位移、速度、加速度的测定方法，以及转速和回转不匀率的测定方法。

2）通过实验，初步了解 QTD-III型组合机构实验仪及光电脉冲编码器（或称增量式光电编码器）、同步脉冲发生器（或称角度传感器）的基本工作原理，并掌握它们的使用方法。

3）通过比较理论运动曲线与实测运动曲线的差异，分析其原因，增加对运动速度特别是加速度的感性认识。

4）比较曲柄滑块机构与曲柄导杆机构的性能差别。

5）检测直动从动杆凸轮机构中直动从动杆的运动规律。

6）比较不同凸轮廓线或接触副对凸轮直动从动杆运动规律的影响。

2. 实验设备

本实验所用的设备是 QTD-III型组合实验系统，实验机构主要技术参数如下。

1）直流电动机额定功率：100W。

2）电机调速范围：0～2000r/min。

3）蜗轮减速器速比：1/20。

4）实验台尺寸（长×宽×高）：500mm×380mm×230mm。

5）电源：220V/50Hz。

3. 实验原理

（1）实验系统的组成

本实验的实验系统框图如图 5-1 所示，它主要由以下设备组成：实验机构——曲柄滑块、导杆、凸轮组合机构；光电脉冲编码器；同步脉冲发生器；QTD-III型组合机构实验仪（单片机检测系统）；个人计算机（personal computer，PC）；打印机。

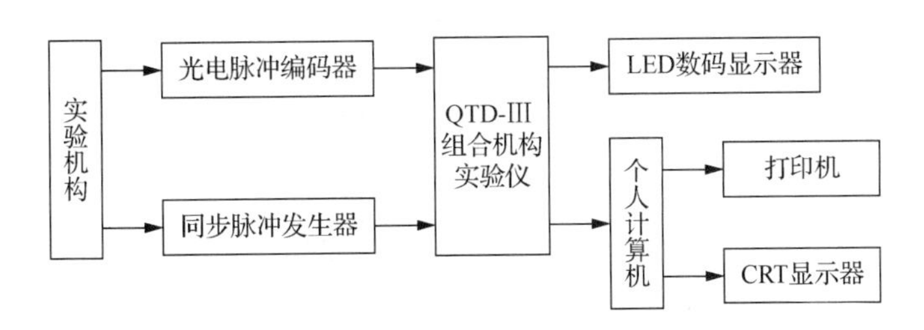

图 5-1　实验系统框图

1）实验机构。该组合实验机构，只需拆装少量零部件，即可构成四种典型的传动系统，它们分别是曲柄滑块机构、曲柄导杆滑块机构、平底直动从动杆凸轮机构和滚子直动从动杆凸轮机构，其结构示意图如图 5-2 所示。每一种机构的某些参数，如曲柄长度、连杆长度、滚子偏心等都可在一定范围内调整。通过拆装及调整，可加深对机械结构本身特点的了解，也会更好地认识某些参数改动对整个运动状态的影响。

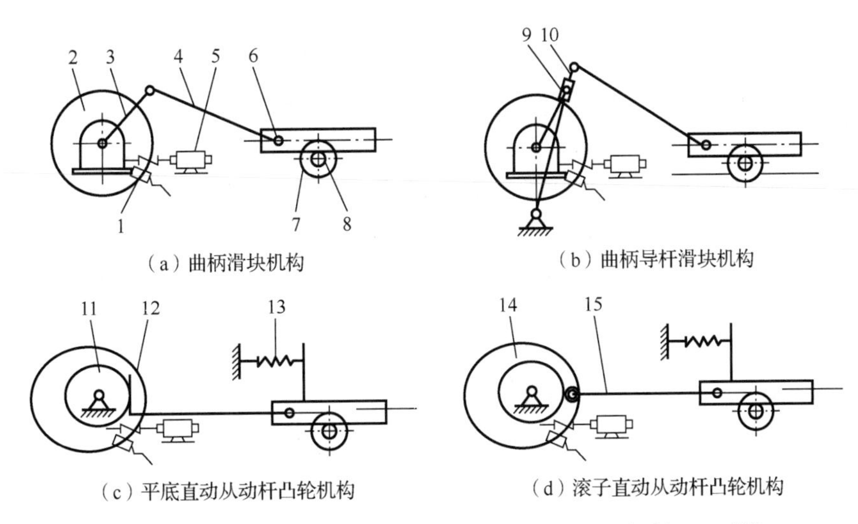

1—同步脉冲发生器；2—蜗轮减速器；3—曲柄；4—连杆；5—电动机；6—滑块；
7—齿轮；8—光电编码器；9—导块；10—导杆；11—凸轮；12—平底直动从动件；
13—回复弹簧；14—光栅盘；15—滚子直动从动件。

图 5-2　实验机构结构示意图

2）光电脉冲编码器。光电脉冲编码器是采用圆光栅通过光电转换将轴转角位移转换成电脉冲信号的器件。它由发光体、聚光镜、光电盘、光栏板、光敏管、主轴和光电整形放大电路等组成，如图 5-3 所示。

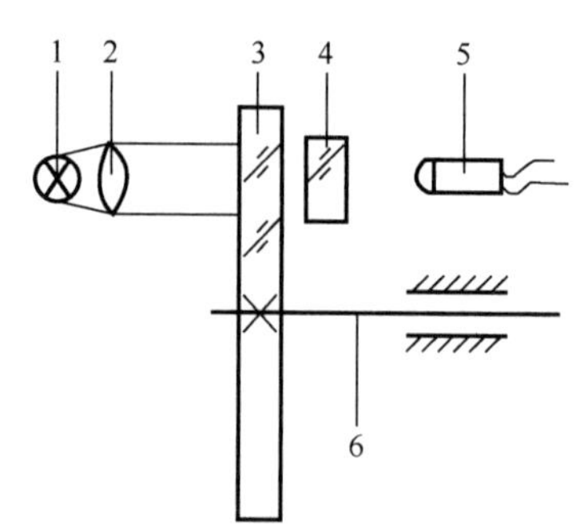

1—发光体；2—聚光镜；3—光电盘；4—光栏板；5—光敏管；6—主轴。

图 5-3　光电脉冲编码器结构原理图

光电盘和光栏板是用玻璃材料经研磨、抛光制成的。在光电盘上有用照相腐蚀法制成的一组径向光栅，而光栏板上有两组透光条纹，每组透光条纹后都装有一个光敏管，它们与光电盘透光条纹的重合差 1/4 周期。发光体发出的光线经聚光镜聚光后，发出平行光。当主轴带动光电盘一起转动时，光敏管就接收到光线亮、暗变化的信号，引起光敏管通过的电流发生变化，输出两路相位差 90° 的近似正弦波信号，它们经放大、整形后得到两路相差 90° 的主波 d 和d′。d 路信号经微分后加到两个与非门输入端作为触发信号；d′ 路经反相器反相后得到两个相位相反的方波信号，分送到与非门剩下的两个输入端作为门控信号，与非门的输出端即光电脉冲编码器的输出信号端，可与双时钟可逆计数的加、减触发端相接。当编码器转向为正时（如顺时针），微分器取出 d 的前沿 A，与非门 1 打开，输出一负脉冲，计数器做加计数；当转向为负时，微分器取出 d 的加一前沿 B，与非门 2 打开，输出一负脉冲，计数器做减计数。某一时刻计数器的计数值，表示该时刻光电盘（即主轴）相对于光敏管位置的角位移量。光电脉冲编码器电路原理框图和各点信号波形图如图 5-4 和图 5-5 所示。

3）QTD-III型组合机构实验仪。

① 实验仪外形结构。实验仪的外形结构如图 5-6 所示，图 5-6（a）所示为正面结构，图 5-6（b）所示为背面结构。

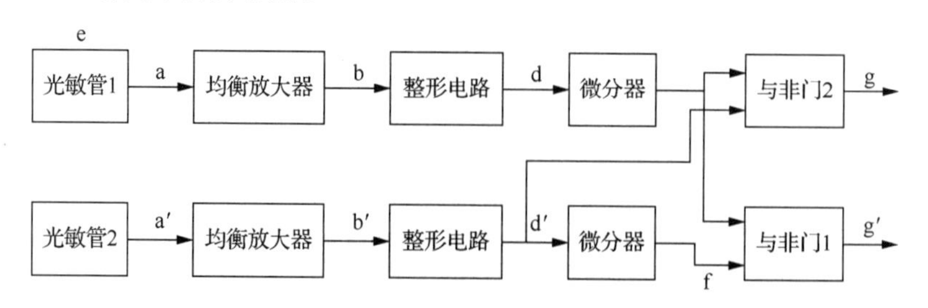

图 5-4　光电脉冲编码器电路原理框图

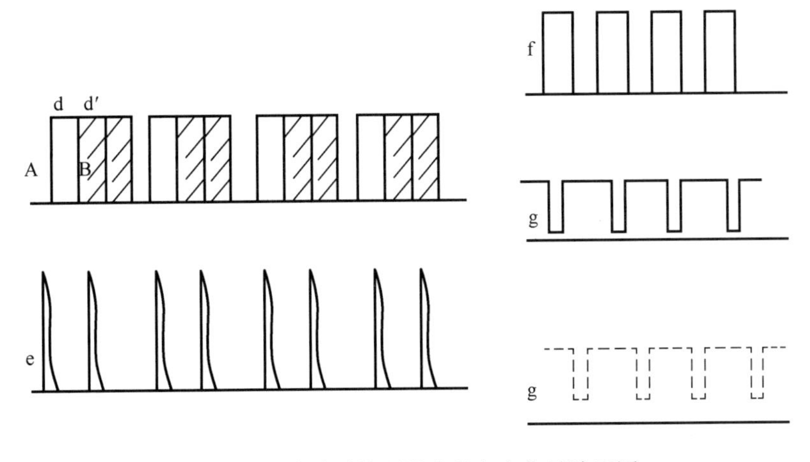

图 5-5　光电脉冲编码器电路各点信号波形图

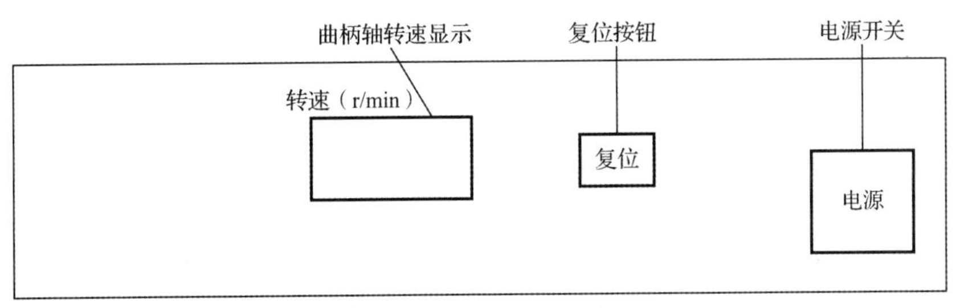

（a）QTD-III组合机构实验仪正面结构

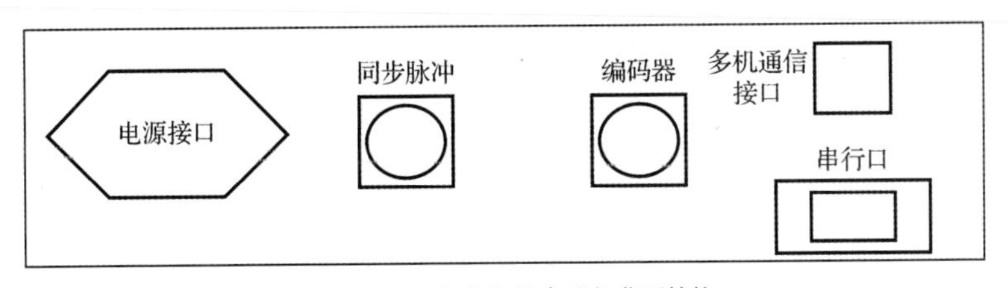

（b）QTD-III组合机构实验仪背面结构

图 5-6　QTD-III组合机构实验仪外形结构

② 实验仪系统原理。以 QTD-III型组合机构实验仪为主体的整个测试系统的原理框图如图 5-7 所示。

本实验仪由单片机最小系统组成，外扩 16 位计数器，接有 3 位发光二极管（light emitting diode，LED）数码显示器，可实时显示机构运动时曲柄轴的转速，同时可与个人计算机进行异步串行通信。

在实验机构动态运动过程中，滑块的往复移动通过光电脉冲编码器转换输出具有一定频率（频率与滑块的往复移动速度成正比）、0～5V 电平的两路脉冲，接入微处理器外扩的计数器计数，通过微处理器进行初步处理运算并送入个人计算机进行处理，个人计算机通过软件系统在阴极射线管（cathode ray tube，CRT）显示器上可显示出相应的数据和运动曲线图。

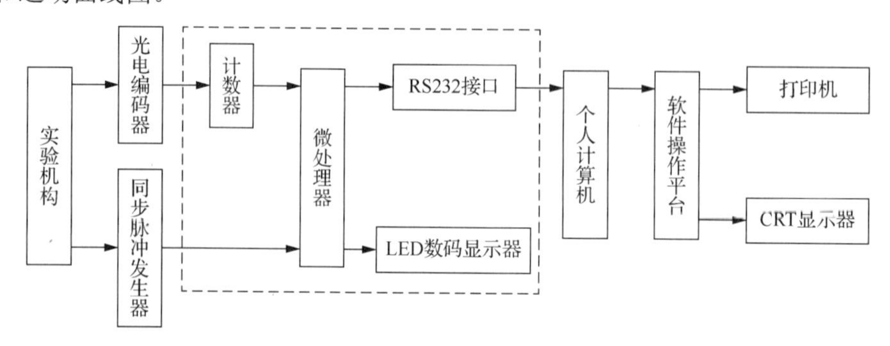

图 5-7 测试系统的原理框图

机构中还有两路信号送入单片机最小系统，那就是同步脉冲发生器送出的两路脉冲信号。其中一路是光栅盘每转 2° 输出一个角度脉冲，用于定角度采样，获取机构运动曲线图；另一路是零位脉冲，用于标定采样数据时的零点位置。

机构的速度、加速度值由位移经数值微分和数字滤波得到。与传统的 R-C 电路测量法或分别采用位移、速度、加速度测量仪器的系统相比，其具有测试系统简单、性能稳定可靠、附加相位差小、动态响应好等特点。

本实验仪测试结果不仅可以以曲线形式输出，还可以直接打印出各点数值，解决了以往测试方法中因需要对记录曲线进行人工标定和数据处理而带来较大的幅值误差和相位误差等问题。

本实验仪最大的优点就是采用微处理器和相应的外围设备，因此在数据处理的灵活性和结果显示，记录，打印的便利性、清晰性、直观性等方面明显优于传统的同类仪器。另外，本实验仪与个人计算机连接使用，操作上只要使用键盘和鼠标就可完成，操作灵活方便；实验准备工作非常简单，在进行实验时稍作讲解即可。

（2）标定值计算方法

在本实验机构中，标定值是指光电脉冲编码器每输出一个脉冲所对应滑块的位移量（mm），也称光电编码器的脉冲当量。

脉冲当量计算式如下：

$$M = \pi\phi / N = 0.050\,26\,\text{mm/脉冲（计算时}\pi\phi\text{取为 0.05mm）}$$

式中：M——脉冲当量；

ϕ—— 齿轮分度圆直径（现配齿轮ϕ=16mm）；

N——光电脉冲编码器每周脉冲数（现配编码器 N=1000）。

（3）系统软件简介

1）窗体组成。整个窗体由标题栏、菜单栏、工具栏、数据显示区、运动曲线绘制和采样参数设定区、公司广告信息显示区、运动分析结果显示区、状态栏 8 部分组成。

① 菜单栏。菜单栏中主要菜单功能如下。

- 打开：打开保存在数据库内的采集所得数据（位移数据、速度数据、加速度

数据）。

- 保存：保存当前的采集所得数据（位移数据、速度数据、加速度数据）。
- 退出：退出程序。
- 端口 1：采集前的端口 1 的选择［地址 3F8H（十六进制）］。
- 端口 2：采集前的端口 2 的选择［地址 2F8H（十六进制）］。
- 数据分析：对当前采集到的位移数据进行分析，得出运动的速度、加速度曲线及有关参数。
- 动画显示。

曲柄滑块机构：用软件编写曲柄滑块的运动动画窗口。

曲柄导杆机构：用软件编写曲柄导杆的运动动画窗口。

- 打印：弹出打印窗口，可进行如下选择。

数据打印：可打印采集到的所有位移数据及相应的速度、加速度数据，也可打印部分数据，即只打印由用户自己所选的采样点数的位移数据及相应的速度、加速度数据。

曲线打印：同数据打印一样，可打印全部曲线和部分曲线。当进行回转不匀率的采样操作时，可选“打印回转不匀率曲线”项。

- 帮助主题：曲柄滑块导杆机构运动参数测试仪的详细介绍。

② 工具栏。

- “打开”按钮：同“打开”菜单操作。
- “保存”按钮：同“保存”菜单操作。
- “数据分析”按钮：同“数据分析”菜单操作。
- “曲柄导杆机构的动画显示”按钮。
- “打印”按钮：同“打印”菜单。
- “显示帮助主题”按钮：同“帮助”主题菜单。

③ 数据显示区。数据显示区用于显示采集所得和分析所得的全部数据，以便用户查看。

当“开始采集”按钮作用后（采集完成），此区显示采集点数和运动位移值。

当“数据分析”按钮作用后，此区将显示分析所得的速度和加速度数据。

④ 运动曲线绘制和采样参数设定区。当程序刚打开时，此区显示的是运动曲线绘制控件，当选择好端口后（“端口选择”按钮作用后），此区变为采样参数设定表框，可进行如下参数选择。

- 定时采样的采样时间常数选择。
- 定角度采样的角度常数选择。
- 回转不匀率角度常数选择。

采样完成后此区又显示运动曲线绘制控件并绘出与采样数据相应的位移曲线，“数据分析”按钮作用后，将同时绘出速度曲线和加速度曲线，最终显示在此区的是三条曲线（位移曲线、速度曲线、加速度曲线）。

⑤ 运动分析结果显示区。此区将显示当前运动采样的位移、速度、加速度的最大值、最小值和平均值，回转不匀率采样所得转速的最大值、最小值、平均值及回转不匀率值。

⑥ 状态栏。状态栏显示程序运行时的动态信息。例如，当绘制曲线时，在状态栏中将实时显示当前的位移、速度、加速度数据。

2）系统软件操作说明。

首先，在使用前确定所要做的是定时采样、定角采样，还是要测定机构当前的回转不匀率。

其次，启动此曲柄滑块导杆机构，打开实验仪的电源，此时实验仪先显示的是数字“0”，随后便正确显示当前的转速。

最后，将曲柄滑块导杆机构上的旋钮调到自己所需的转速，待稳定后，打开在个人计算机上的软件系统进行操作，步骤如下。

步骤 1 打开本软件系统。

步骤 2 选择端口号，如选择端口 1。

步骤 3 在采样参数设计区选择采样方式和采样常数，并在“标定值输入框”中输入标定值“0.05”。

步骤 4 单击“开始采集”按钮。

步骤 5 等待一段时间（这段时间用于单片机处理数据及单片机向个人计算机传输数据）。

步骤 6 如果采样数据传送（个人计算机与单片机通信）正确，单片机传送到个人计算机的位移数据便会显示在数据显示区内，同时个人计算机会根据位移数据在运动曲线绘制区画出位移的曲线图，同时在运动分析结果显示区显示出位移的最大值、最小值、平均值。如果出现异常，则应重新采集数据。

步骤 7 单击“数据分析”按钮，在运动曲线绘制区动态地绘制相应的速度曲线和加速度曲线，同时在运动分析结果显示区显示速度、加速度的最大值、最小值、平均值。

步骤 8 将当前采集的数据保存到数据库内。

步骤 9 打印当前采集和分析的数据及曲线。

步骤 10 实验总结。

注意：若在步骤 4 中选择的是角度分析（即回转不匀率的采样方式），则跳过步骤 7 和步骤 8。不同采样方式得到的实验结果示例如图 5-8 所示。

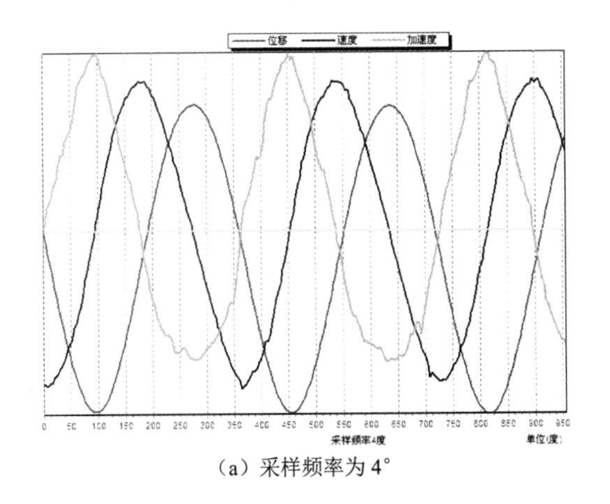

（a）采样频率为 4°

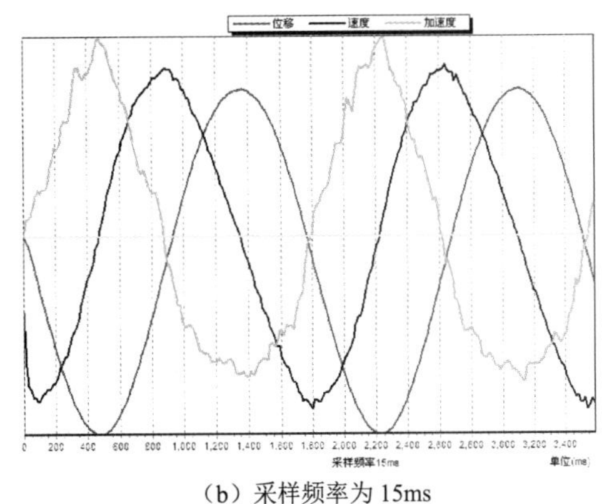

（b）采样频率为 15ms

图 5-8　实验结果示例

4. 实验步骤

（1）系统连接及启动

步骤 1　连接 RS232 通信线。本实验必须通过计算机来完成。将计算机 RS232 串行接口通过标准的通信线连接到 QTD-III型组合机构实验仪背面的串行接口。如果采用多机通信转换器，则需要首先将多机通信转换器通过 RS232 通信线连接到计算机，然后用双端插头电话线将 QTD-III型组合机构实验仪连接到多机通信转换器的任意一个输入口。

步骤 2　启动机械教学综合实验系统。如果使用多机通信转换器，则应根据个人计算机与多机通信转换器的串行接口通道，在程序界面的右上角“串口选择”框中选择合适的通信口（COM1 或 COM2）。根据运动学实验在多机通信转换器上所接的通信口，单击“重新配置”按钮，将该通信口的应用程序设置为运动学实验，配置结束后，在主界面左边的实验项目框中单击“运动学”按钮，此时，多机通信转换器的相应通道指示灯应该点亮，运动学实验系统应用程序将自动启动，如图 5-9 所示。

如果多机通信转换器的相应通道指示灯不亮，则检查多机通信转换器与计算机的通信线是否连接正确，确认通信的通道是否为输入的通信口（COM1 或 COM2）。单击图 5-9 中间的运动机构图像，将出现图 5-10 所示的曲柄滑块导杆凸轮组合机构实验台主窗体。在“串口选择”菜单中正确选择 COM1 或 COM2，单击“开始采集”按钮，等待数据输入。

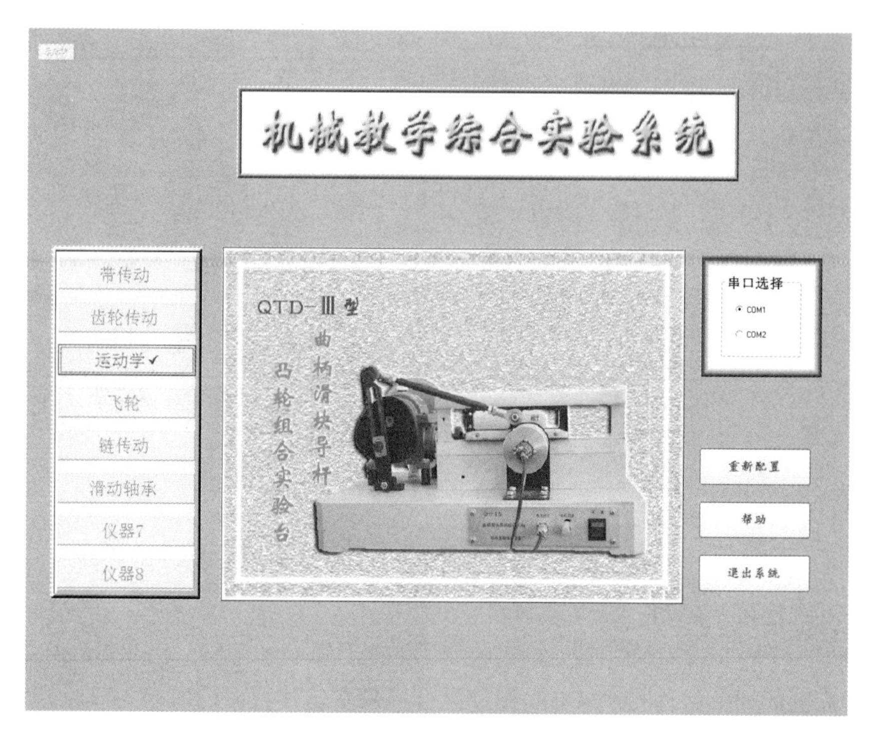

图 5-9　运动学机构实验系统初始界面

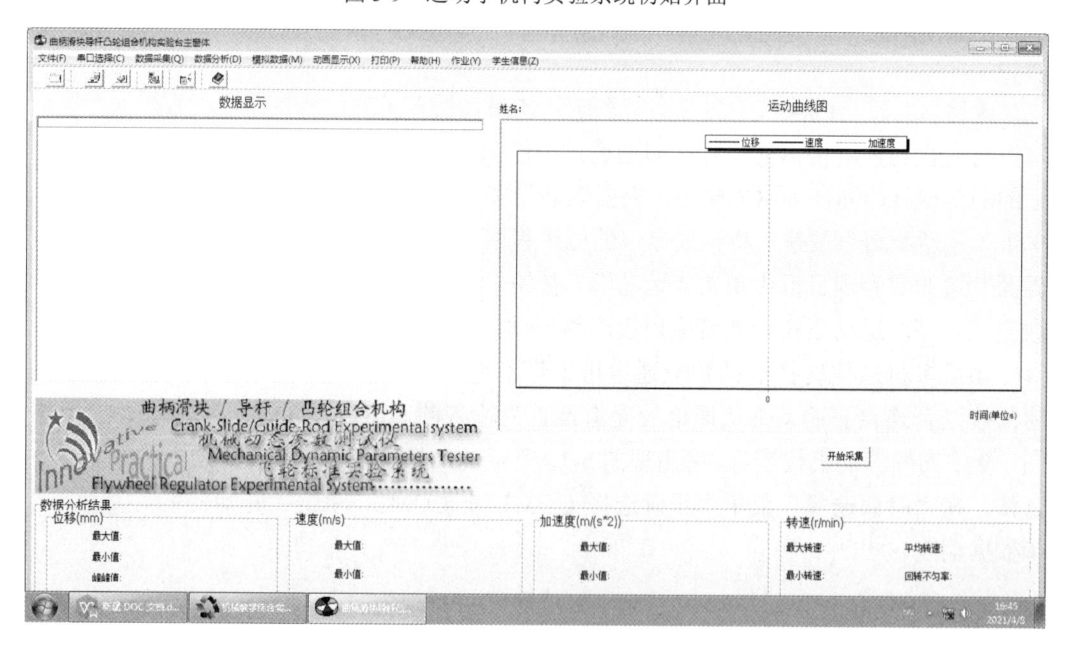

图 5-10　曲柄滑块导杆凸轮组合机构实验台主窗体

如果选择组合机构实验台与计算机直接连接，则在图 5-11 主界面右上角“串口选择”框中选择相应通信口（COM1 或 COM2）。在主界面左边的实验项目框中单击“运动学”按钮，在图 5-10 所示界面中的“串口选择”菜单中正确选择 COM1 或 COM2，并单击“开始采集”按钮，等待数据输入。

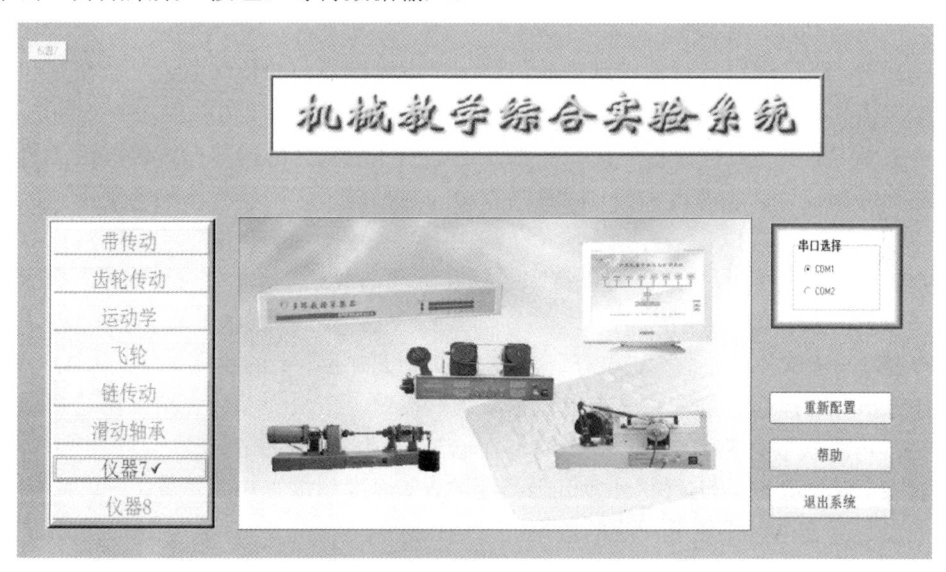

图 5-11　机械教学综合实验系统主界面

（2）组合机构实验操作

1）曲柄滑块运动机构实验。如图 5-2（a）所示，将机构组装为曲柄滑块机构。

① 滑块位移、速度、加速度测量。

步骤 1　将光电脉冲编码器输出的五芯插头及同步脉冲发生器输出的五芯插头，分别插入 QTD-III型组合机构实验仪上相对应的接口中。

步骤 2　打开实验仪上的电源，此时带有 LED 显示的面板上将显示“0”。

步骤 3　启动机构，在机构电源接通前，应将电机调速电位器逆时针旋转至最低速位置，然后接通电源，并顺时针转动调速电位器，使转速逐渐加至所需的值（否则易烧断熔丝，甚至损坏调速器），显示面板上实时显示曲柄轴的转速。机构运转正常后，即可在计算机上进行操作。

步骤 4　熟悉系统软件的界面及各项操作的功能。

步骤 5　选择通信口，并在采样参数设定区内选择相应的采样方式和采样数。可以选择定时采样方式，采样的时间常数有 10 个选择挡，分别是 2ms、5ms、10ms、15ms、20ms、25ms、30ms、35ms、40ms、50ms，如选采样周期 25ms；也可以选择定角采样方式，采样的角度常数有 5 个选择挡，分别是 2°、4°、6°、8°、10°，如选择每隔 4°采样一次。

步骤 6　在“标定值输入框”中输入标定值“0.05”（参见本实验“标定值计算方法”部分内容）。

步骤 7　单击“开始采集”按钮，开始采样（等一段时间，此时实验仪正在对机构运动进行采样，并向个人计算机回送采集的数据，个人计算机对收到的数据进行一定的处理，得到运动的位移值）。

步骤 8　当采样完成后，在运动曲线绘制区中绘制当前的位移曲线，且在左边的数据显示区内显示采样的数据。

步骤 9　单击“数据分析”按钮，则在运动曲线绘制区的位移曲线的基础上再逐渐绘制出相应的速度和加速度曲线，同时在左边的数据显示区内也将增加各采样点的速度和加速度值。

步骤 10　打开打印窗口，可以打印数据和运动曲线。

② 转速及回转不匀率的测试。

步骤 1～步骤 4　同“滑块位移、速度、加速度测量”中的步骤 1～步骤 4。

步骤 5　选择通信口，并单击“开始采集”按钮，在采样参数设定区内选择最右边的一栏，角度常数有 5 个选择挡，选择一个合适的挡，如选择 6°。

步骤 6～步骤 8　基本和“滑块位移、速度、加速度测量”中的步骤 6～步骤 8 相同，不同的是数据显示区不显示相应的数据。

步骤 9　打印。

2）曲柄导杆滑块运动机构实验。如图 5-2（b）所示，将机构组装为曲柄导杆滑块机构，按 1）中的①②操作，比较曲柄滑块机构与曲柄导杆滑块机构运动参数的差异。

3）平底直动从动杆凸轮机构实验。如图 5-2（c）所示，将机构组装为平底直动从动杆凸轮机构，按 1）中的①操作，检测其从动杆的运动规律。

注意：曲柄转速应控制在 40r/min 以下。

4）滚子直动从动杆凸轮机构实验。如图 5-2（d）所示，将机构组装为滚子直动从动杆凸轮机构，按 1）中的①操作，检测其从动杆的运动规律，比较平底接触与滚子接触运动性能的差异。

调节滚子的偏心量，分析偏心位移变化对从动杆运动的影响。

注意：曲柄转速应控制在 40r/min 以下。

5. 实验内容

1）测量滑块的位移、速度、加速度。

2）测试被测轴的转速及回转不匀率。

3）测量曲柄导杆滑块机构的位移、速度、加速度。

4）检测平底直动从动杆凸轮机构或滚子直动从动杆凸轮机构实验的运动规律。

5）完成实验内容，记录实验数据和图形，课后进行分析比较，回答思考题，完成实验报告。

6. 思考题

1）分析曲柄滑块机构机架长度及滑块偏置尺寸对运动参数的影响。

2）已知曲柄长度为 57mm，连杆长度为 47mm，滑块偏心距为 20mm，利用计算机求出相应的运动参数，比较运动曲线和实测曲线，并分析产生差异的原因。

3）判断曲柄滑块机构是否有急回特性。

4）计算行程速比系数，判断加速度峰值发生在什么地方。

5.2　机械运动参数测定实验报告

1. 实验目的

2. 实验设备

3. 实验原理

4. 实验数据记录及处理

1）绘制曲柄滑块机构的机构运动简图，并绘制出滑块的位移、速度和加速度曲线。

2）绘制曲柄摆动导杆机构的机构运动简图，并绘制出滑块的位移、速度和加速度曲线。

5. 回答问题

1）分析曲柄滑块机构机架长度及滑块偏置尺寸对运动参数的影响。

2）已知曲柄长度为57mm，连杆长度为47mm，滑块偏心距为20mm，利用计算机求出相应的运动参数，比较运动曲线和实测曲线，并分析产生差异的原因。

3）判断曲柄滑块机构是否有急回特性。

4）计算行程速比系数，判断加速度峰值发生在什么地方。

实验 6

回转构件动平衡实验

6.1 回转构件动平衡实验指导书

1. 实验目的

1）巩固和验证回转构件动平衡的理论知识。
2）掌握智能动平衡机的基本原理和操作方法。
3）培养操作先进设备的动手能力和实践能力。

2. 实验仪器和设备

DPH-Ⅰ型智能动平衡机、微型计算机等。

3. 实验内容

1）预习动平衡的理论知识、传感器原理知识等。
2）实验前，了解实验设备的使用规定和安全事项，熟悉动平衡测试软件的应用。
3）实验中，不许触碰开启后的实验设备，严格按照操作步骤要求，认真记录有关数据。
4）实验后，完成实验报告。

4. 实验系统组成及工作原理

（1）实验系统组成

该实验系统由动平衡机实验台、计算机、数据采集器、高灵敏度有源压电力传感器和光电相位传感器等组成。图 6-1 所示为智能动平衡机基本结构示意图。

（2）实验原理

转子动平衡检测一般用于轴向宽度 B 与直径 D 的比值大于 0.2 的转子（小于 0.2 的转子适用于静平衡）。转子动平衡检测时，必须同时考虑其惯性力和惯性力偶矩的平衡，即 $\boldsymbol{P}_i = \boldsymbol{0}$，$\boldsymbol{M}_i = \boldsymbol{0}$。如图 6-2 所示，设一回转构件的偏心重 Q_1 及 Q_2 分别位于平面 1 和平面 2 内，r_1 及 r_2 为其回转半径。当回转体以等角速度回转时，它们将产生离心惯性力 $\boldsymbol{P}_1$ 及 $\boldsymbol{P}_2$，形成一个空间力系。

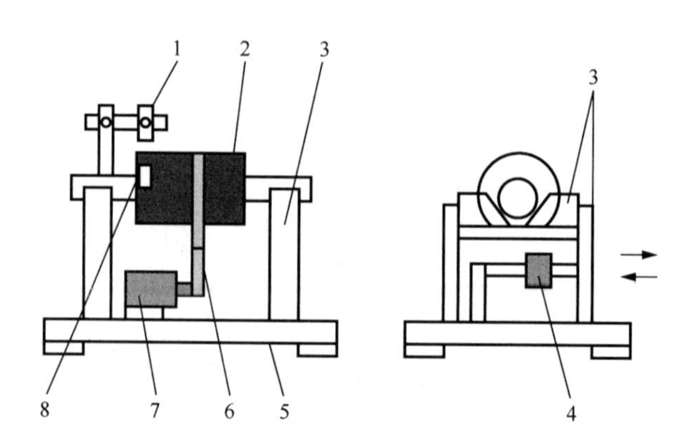

1—光电相位传感器；2—被试转子；3—硬支承摆架组件；4—压电力传感器；5—减振底座；6—传动带；7—电动机；8—零位标志。

图 6-1　智能动平衡机基本结构示意图

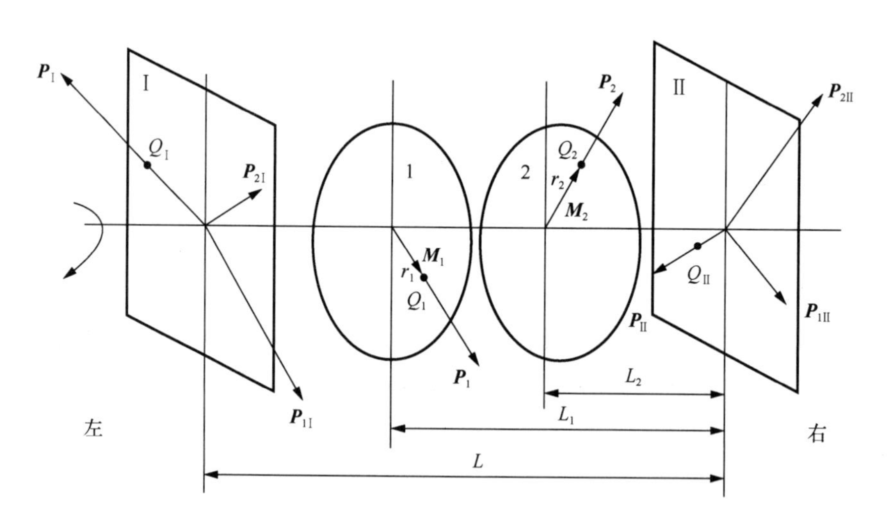

图 6-2　智能动平衡机转子动平衡工作原理示意图

由理论力学可知，一个力可以分解为与它平行的两个分力。因此，可以根据该回转体的结构，选定两个平衡基面Ⅰ和Ⅱ作为安装配重的平面。将上述离心惯性力分别分解到平面Ⅰ和Ⅱ内，即将力 $\boldsymbol{P}_1$ 及 $\boldsymbol{P}_2$ 分解为 $\boldsymbol{P}_{1\mathrm{I}}$、$\boldsymbol{P}_{2\mathrm{I}}$（在平面Ⅰ内）及 $\boldsymbol{P}_{1\mathrm{II}}$、$\boldsymbol{P}_{2\mathrm{II}}$（在平面Ⅱ内）。这样，空间力系的平衡问题就转化为两个平面汇交力系的平衡问题。显然，只要在平面Ⅰ和平面Ⅱ内各加入一个合适的配重 Q_{I} 和 Q_{II}，使两平面内的惯性力之和均等于零，这个构件也就平衡了。

实验时，当被测转子在部件上被拖动旋转后，转子的中心惯性主轴与其旋转轴线存在偏移而产生不平衡离心力，迫使支承摆架做强迫振动，安装在左右两个硬支承摆架上

的两个有源压电力传感器感受到此力而发生机电换能，产生两路包含不平衡信息的电信号，输出到数据采集装置的两个信号输入端；与此同时，安装在转子上方的光电相位传感器产生与转子旋转同频同相的参考信号，通过数据采集器输入计算机中。图 6-3 所示为智能动平衡实验系统信号处理原理框图。

图 6-3　智能动平衡实验系统信号处理原理框图

计算机通过采集器采集此三路信号，由虚拟仪器进行前置处理、跟踪滤波、幅度调整、相关处理、快速傅里叶变换（fast Fourier transform，FFT）、校正面之间的分离解算、最小二乘加权处理等，最终算出左右两面的不平衡量（g）、校正角（°）及实测转速（r/min）。与此同时，计算机给出实验过程的数据处理方法、FFT 方法的处理过程及曲线的变化过程。

本系统是一种创新的基于虚拟测试技术的智能化动平衡实验系统，在一个硬支承摆架上不经调整即可实现硬支承动平衡的 A、B、C 尺寸法解算和软支承的影响系数法解算，既可进行动平衡校正也可进行静平衡校正。本系统利用高精度的压电晶体传感器进行测量，采用先进的计算机虚拟测试技术、数字信号处理技术和小信号提取方法，可实现智能化检测。使用本系统，能通过动态实时检测曲线了解实验的过程，以人机对话的方式方便地完成检测，因而该系统非常适用于教学动平衡实验。

5. 实验方法与步骤

（1）系统的连线和开启

步骤 1　接通实验台和计算机通用串行总线（universal serial bus，USB）通信线，在此之前应关闭实验台电源。

步骤 2　打开测试程序界面，然后打开实验台电源开关，并打开电动机电源开关，单击“开始测试”按钮，此时计算机屏幕上应显示绿、白、蓝三路信号曲线。如果没有测试曲线，则应检查传感器是否放好。

步骤 3　三路信号正常后单击“退出测试”按钮，退出测试程序。然后双击动平衡实验系统界面进入实验状态，计算机屏幕出现动平衡测试系统虚拟仪器操作前面板，如图 6-4 所示。

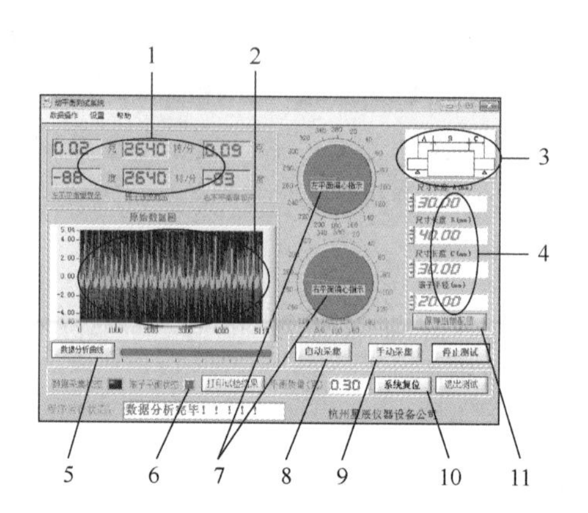

1—测试结果显示区；2—原始数据显示区；3—转子结构显示区；4—转子参数输入区；
5—“数据分析曲线”按钮；6—滚子平衡状态指示；7—不平衡量角度指示；8—“自动采集”按钮；
9—“手动采集”按钮；10—“系统复位”按钮；11—“保存当前配置”按钮。

图 6-4　智能动平衡测试系统虚拟仪器操作前面板

（2）平衡模式的选择

选择平衡模式及测量相关尺寸，并将尺寸输入各自界面。

步骤 1　单击“设置”菜单的“模式设置”功能，打开“模式选择”窗口，出现 A、B、C、D、E、F 六种模式，如图 6-5 所示。

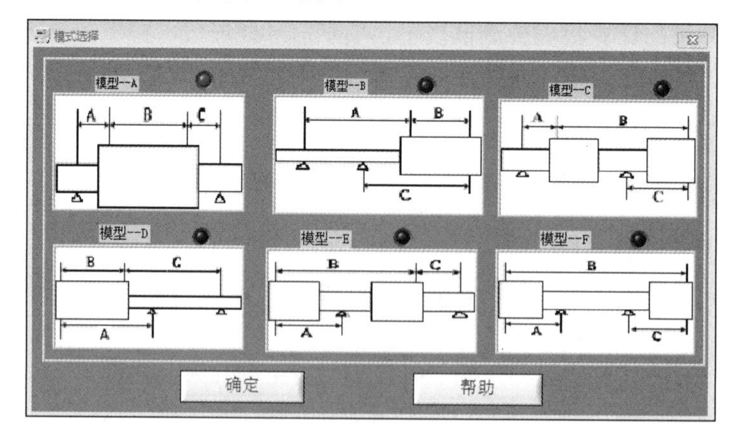

图 6-5　“模式选择”窗口

步骤 2　根据动平衡元件的形状，在“模式选择”窗口中选择一种模式，如“模型--A”。

步骤 3　单击“确定”按钮，在动平衡测试系统的虚拟仪器操作前面板上显示所选定的模式。

步骤 4　根据所要平衡转子的实际尺寸，将相应的数值输入尺寸长度 A、B 和 C 的文本框内。

步骤 5　单击“保存当前配置”按钮，仪器就能记录、保存这批数据，作为平衡件相应平衡公式的基本数据。

（3）系统标定

步骤 1　单击“设置”菜单的“系统标定”选项，打开“仪器标定窗口”，如图 6-6 所示。

图 6-6　“仪器标定窗口”

步骤 2　将两块 2g 的磁铁分别放置在标准转子（已经动平衡了的转子）左、右两侧的 0° 位置上。

步骤 3　在“标定数据输入窗口”输入左右不平衡量及左右方位度数。左不平衡量（克）为 2；左方位（度）为 0；右不平衡量（克）为 2；右方位（度）为 0。

步骤 4　数据输入后，启动动平衡试验机，待转子转速平稳运转后，单击“开始标定采集”按钮开始采集。下方的红色进度条会作相应的变化，上方显示框显示当前转速及正在标定的次数，标定值是多次测试的平均值。这时可以单击“详细曲线显示”按钮，显示曲线动态过程。等测试 10 次后自动停止测试。

步骤 5　标定结束后，单击“保存标定结果”按钮。

步骤 6　完成标定过程后，单击“退出标定”按钮，如图 6-6 所示，回到原始实验界面，开始实验。

注意：标定测试时，在“仪器标定窗口”的“测试原始数据”内显示的 4 组数据，是左右两个支承输出的原始数据。如果在转子左右两侧同一角度加入同样质量的不平衡块，而显示的两组数据相差甚远，则应适当调整两面支承传感器的顶紧螺钉，可减少测试的误差。

（4）动平衡测试

1）手动（单次）。手动测试为单次检测，检测一次系统自动停止，并显示测试结果。

2）自动（循环）。自动测试为多次循环测试，操作者可以看到系统动态变化。单击“自动采集”按钮，如图 6-4 所示，采集 35 次数据，当数据比较稳定后，单击“停止测试”按钮，再单击“数据分析曲线”按钮，可以看到测试曲线变化情况。

注意：要进行加重平衡时，在停止转子运转前，必须先单击“停止测试”按钮，使软件系统停止运行；否则会出现异常。

（5）实验曲线分析

在数据采集过程中，或当停止测试时，都可在前面板区单击“数据分析曲线”按钮，计算机屏幕会打开“采集数据分析窗口”，如图 6-7 所示。该窗口有“滤波后曲线”“频谱分析图”“实际偏心量的分布图”“实际相位分布图”4 个图形显示区，以及转速，左、右偏心量及左、右偏心角 5 个数字显示窗口。

该分析窗口的功能主要是对实验数据进行系统的处理。整个处理过程是对一个混杂着许多干扰信号的原始信号，通过数字滤波、FFT 信号频谱分析等数学手段提取有用的信息。该窗口不仅显示处理的结果，还交代信号处理的演变过程，这对培养学生解决问题、分析问题的能力是很有意义的。在自动测试（多次循环测试）情况下，从“实际偏心量的分布图”和“实际相位分布图”可以看到每次测试过程中的偏心量和相位角的动态变化。如果曲线变化波动较大，则说明系统不稳定，需要进行调整。

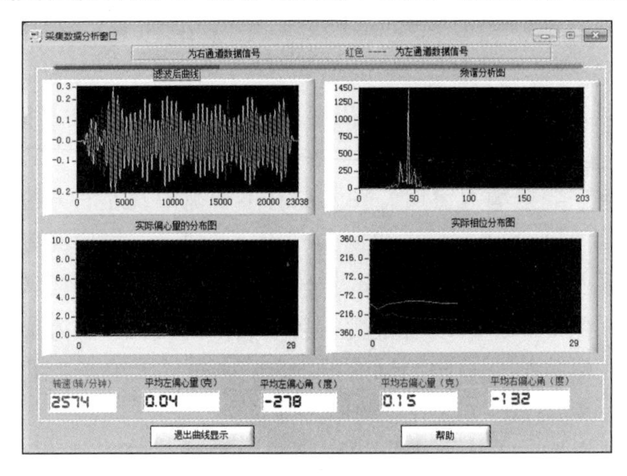

图 6-7 “采集数据分析窗口”

（6）平衡过程

本实验装置在做动平衡实验时，为了方便起见，一般是用永久磁铁配重做加重平衡实验，根据左、右不平衡量显示值（显示值为去重值），加重时根据左、右相位角显示位置，在对应其相位 180° 的位置，添置相应数量的永久磁铁，使不平衡的转子达到动态平衡的目的。在自动检测状态时，先在主面板单击“停止测试”按钮，待自动检测进度条停止后，关停动平衡实验台转子，根据实验台转子所标刻度，根据左、右不平衡量显示值，添加平衡块，其质量可等于或略小于面板显示的不平衡量；然后启动实验装置，待转速稳定后，再单击“自动测试”按钮，进行第二次动平衡检测。如此反复多次，系统提供的转子一般可以将左、右不平衡量控制在 0.1g 以内。在主界面中的“允许偏心量”文本框中输入实验要求偏心量（一般要求大于 0.05g）。当“转子平衡状态”指示灯由灰色变蓝色时，说明转子已经达到了所要求的平衡状态。

由于动平衡数学模型计算理论的抽象理想化和实际动平衡器件及其所加平衡块的参数多样化，因此动平衡实验的过程是个逐步逼近的过程。

（7）转子平衡步骤

这里以加 1.2g 配重的方法为例，说明对一个新转子进行动平衡的步骤。

步骤 1　在转子的左边 0° 处放置 1.2g 的磁铁，在右边 270° 处放置 1.2g 磁铁。

步骤 2　启动动平衡试验机，待转子转速平稳运转后，单击“自动采集”按钮，采集 35 次。

步骤 3　数据比较稳定后，单击“停止测试”按钮，这时数据测量结果如图 6-8 所示。

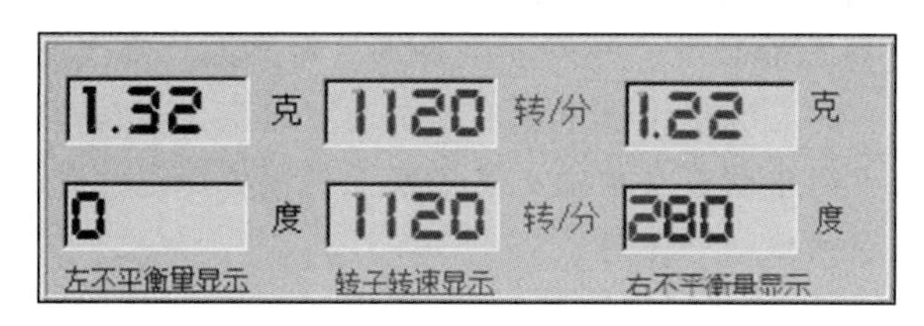

图 6-8　不平衡数据测量结果（一）

步骤 4　在左边 180° 处放 1.2g 磁铁，在右边 280° 的对面（即 100° 处）放 1.2g 磁铁，单击“自动采集”按钮。采集 35 次后，单击“停止测试”按钮，这时数据测量结果如图 6-9 所示。

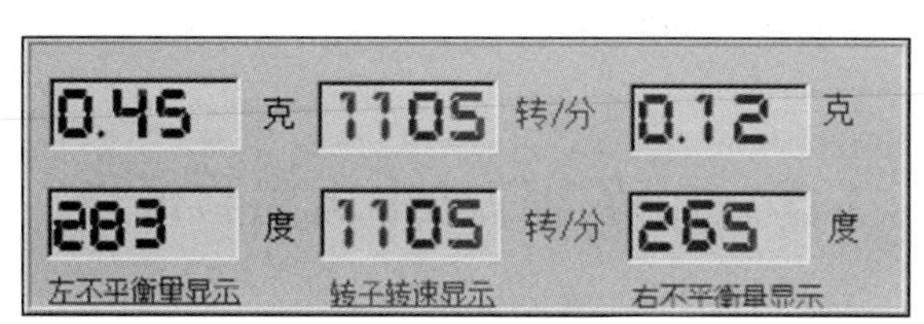

图 6-9　不平衡数据测量结果（二）

设定左右不平衡量不大于 0.3g 时达到平衡要求。这时左边还没平衡，而右边已平衡。

步骤 5　在左边 283° 的对面（即 103° 处）放 0.4g 磁铁，单击“自动采集”按钮，采集 35 次后，单击“停止测试”按钮，这时数据测试结果如图 6-10 所示。

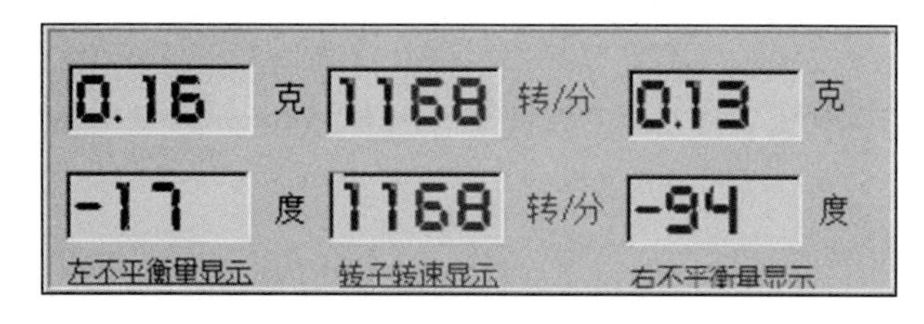

图 6-10　不平衡数据测量结果（三）

从图 6-10 可以看出，此时转子左右两边的不平衡量都小于 0.3g，“滚子平衡状态”

窗口出现红色标志。

步骤6 单击“停止测试”按钮。

步骤7 打开“打印实验结果”窗口，出现“动平衡实验报表”，可以看到整个实验结果。

注意：①动平衡实验台与计算机连接前必须先关闭实验台电动机电源，插上USB通信线后再开启电源。在实验过程中，插拔USB通信线前同样应关闭实验台电动机电源，以免因操作不当而损坏计算机。②系统提供一套测试程序，实验之前进行测试，特别是在装置进行搬运或进行调整后，应运行安装程序中提供的测试程序。运行转子机构，从曲线面板中可以看到三条曲线（一条方波曲线、两条振动曲线）。如果没有方波曲线或曲线不是周期方波，则应调整相位传感器使其出现周期方波信号；如果没有振动曲线或振动曲线为一直线，则应调整左右硬支承摆架上的测振压电力传感器预紧力螺母，使其产生振动曲线，三条曲线缺一不可。

6. 思考题

1）哪些类型的试件需要进行动平衡实验？实验的理论依据是什么？

2）试件经动平衡后是否还需要进行静平衡？为什么？

3）为什么偏心量太大就需要进行静平衡？

4）指出一些影响平衡精度的因素。

6.2 回转构件动平衡实验报告

1. 实验目的

2. 实验仪器和设备

3. 实验原理

4. 实验步骤

5. 实验数据

次数	左边		右边	
	角度/（°）	偏心量/g	角度/（°）	偏心量/g
1				
2				
3				
4				
5				

6. 实验结果及分析（包括实验曲线、数据及结论）

7. 回答问题

1）哪些类型的试件需要进行动平衡实验？实验的理论依据是什么？

2）试件经动平衡后是否还需要进行静平衡？为什么？

3）为什么偏心量太大就需要进行静平衡？

4）指出一些影响平衡精度的因素。

实验 7 机构运动方案创新设计实验

7.1 机构运动方案创新设计实验指导书

1. 实验目的

1）加深对平面机构组成原理的认识，熟悉杆组概念，为机构创新设计奠定良好的基础。

2）利用创新设计实验台提供的零件，拼接各种不同的平面机构，培养机构运动方案创新设计意识及综合设计的能力。

3）加强工程实践背景的训练，培养工程实践动手能力。

2. 实验设备和工具

（1）机构运动方案创新设计实验台机械零件及主要功用（表 7-1）

1）凸轮和高副锁紧弹簧。凸轮基圆半径为 18mm，从动推杆的行程为 30mm。从动件的位移曲线是升—回型，并且该运动为正弦加速度运动。凸轮与从动件的高副是依靠弹簧力的锁合形成的。

2）齿轮。齿轮的模数为 2，压力角为 20°，齿数为 34 或 42，两齿轮中心距为 76mm。

3）齿条。齿条的模数为 2，压力角为 20°，单根齿条全长为 422mm。

4）槽轮拨盘（两个主动销）。

5）槽轮（四槽）。

6）主动轴。动力输入用轴。轴上有平键槽，利用平键可与带轮连接。

7）转动副轴（或滑块）—3，主要用于跨层面（非相邻平面）的转动副或移动副的形成。

8）从动轴。轴上无键槽，主要起支承及传递运动的作用。

9）主动滑块插件。它与主动滑块座配用，形成做往复运动的滑块（主动构件）。

10）主动滑块座和光槽片。主动滑块座与直线电动机齿条固连形成主动构件，且随直线电动机齿条做往复直线运动。光槽片在光槽行程开关之间运动，以控制直线电动机齿条的往复行程。

11）连杆（或滑块导向杆），其长槽与滑块形成移动副，其圆孔与轴形成转动副。

12）压紧连杆用特制垫片，在固定连杆时用。

13）转动副轴（或滑块）—2（表 7-1 序号 13）。轴的一端与固定转轴块（20 号，见表 7-1）配用时，可在连杆长槽的某一选定位置形成转动副；轴的另一端与连杆长槽形成移动副。

14）转动副轴（或滑块）—1（表 7-1 序号 14），用于两构件形成转动副。

15）带垫片螺栓。其规格为 M6，转动副轴与连杆之间构成转动副或移动副时用带垫片螺栓连接。

16）压紧螺栓。其规格为 M6，转动副轴与连杆形成同一构件时用压紧螺栓连接。

17）运动构件层面限位套，用于不同构件运动平面之间的距离限定，避免发生运动构件间的运动干涉。

18）电动机带轮、主动轴带轮和传动带张紧轮。电动机带轮为双槽，可同时使用两根传动带分别为两个不同的构件输入主动运动。主动轴带轮和传动带张紧轮分别与主动轴配用。

19）盘杆转动轴。盘类零件（1 号、2 号、4 号、5 号、22 号，见表 7-1）与连杆构成转动副时使用。

20）固定转轴块。用螺栓（21 号）将固定转轴块锁紧在连杆长槽上，13 号构件可与该连杆在选定位置形成转动副。

21）螺栓和特制螺母，用于两连杆之间的连接，固定形成凸轮高副的弹簧，锁紧连接件。

22）曲柄双连杆部件。偏心轮与活动圆环形成转动副时使用，且已制作成一组合件。

23）齿条导向板。用两根齿条导向板将齿条（3 号）夹紧，并形成一导向槽，可保证齿轮与齿条的正常啮合。

24）转滑副轴。轴的扁头主要用于两构件形成转动副，轴的圆头主要用于两构件形成移动副。

25）与直线电动机齿条啮合的齿轮用轴。其与直线电动机齿条啮合的齿轮（26 号）配用，可输入往复摆动的主动运动。

26）与直线电动机齿条啮合的齿轮。其是与直线电动机齿条啮合的特制齿轮。

27）安装电动机座和行程开关支座用内六角螺钉/平垫。

28）滑块。滑块用于支承轴类零件，与实验台机架（29 号）上的立柱配用。

29）实验台机架（机构运动方案拼接操作台架）。

30）立柱垫圈。立柱垫圈在锁紧立柱时用。

31）锁紧滑块方螺母。锁紧滑块方螺母具有固定滑块的作用。

32）～41）略。

表 7-1　机构运动方案创新设计实验台零部件清单

序号	名称	图示及图号	规格	数量/（件或套）	使用说明：钢印号/钢号尾数对应于使用层面数
1	凸轮和高副锁紧弹簧	JYF10　JYF19	推程 30mm 回程 30mm	各 4	凸轮推/回程均为正弦加速度运动规律 配有 M6 的六角平端紧定螺钉 4 个
2	齿轮	JYF8 JYF7	标准直齿轮 z=34 z=42	 4 4	配有 M6 内六角平端紧定螺钉 8 个 2-1 2-2
3	齿条	JYF9	标准直齿条	4	3
4	槽轮拨盘	JYF11-2		1	配有 M6 内六角平端紧定螺钉 1 个 4
5	槽轮	JYF11-1	四槽	1	配有 M6 内六角平端紧定螺钉 1 个 5
6	主动轴	JYF5	L=5mm L=20mm L=35mm L=50mm L=65mm	4 4 4 4 2	6-1 6-2 6-3 6-4 6-5
7	转动副轴（或滑块）—3	JYF25	L=5mm L=15mm L=30mm	6 4 3	7-1 7-2 7-3
8	从动轴	JYF6-2	L=5mm L=20mm L=35mm L=50mm L=65mm	16 12 12 10 8	8-1 8-2 8-3 8-4 8-5
9	主动滑块插件	L　JYF42	L=30mm L=45mm	1 1	与主动滑块座固连，作为输入直线往复运动的主动构件 9-1 9-2
10	主动滑块座和光槽片	JYF37　JYF41		各 1	主动滑块座用 M6 的螺钉与直线电动机齿条固连，配 M6 的内六角平端紧定螺钉 2 个，配 M6×10 内六角螺钉 4 个，光槽片已与主动滑块座固连 10

续表

序号	名称	图示及图号	规格	数量/（件或套）	使用说明：钢印号/钢号尾数对应于使用层面数
11	连杆（或滑块导向杆）	L JYF16	L=50mm L=100mm L=150mm L=200mm L=250mm L=300mm L=350mm	8 8 8 8 8 8 8	11-1 11-2 11-3 11-4 11-5 11-6 11-7
12	压紧连杆用特制垫片	JYF23	ϕ6.5mm	16	在将连杆固定在主动轴或固定轴上时使用
13	转动副轴（或滑块）—2	L JYF20	L=5mm L=20mm	各 8	与 20 号文件配用，可与连杆在固定位置形成转动副 13-1 13-2
14	转动副轴（或滑块）—1	JYF12-1		16	用于两构件形成转动副 14
15	带垫片螺栓	JYF14	M6	48	与长转动副轴或固定轴配用
16	压紧螺栓	JYF13	M6	48	与转动副轴或固定轴配用 16
17	运动构件层面限位套	L JYF15	L=5mm L=15mm L=30mm L=45mm L=60mm	35 40 20 20 10	用于不同构件运动平面之间的距离限定 17-1 17-2 17-3 17-4 17-5
18	电动机带轮、主动轴带轮和传动带张紧轮	JYF36 JYF45 JYF27		3 3 6	电动机带轮已安装在旋转电动机轴上 18-1 18-2
19	盘杆转动轴	JYF24	L=20mm L=35mm L=45mm	6 6 4	盘类零件与连杆形成转动副时用 19-1 19-2 19-3
20	固定转轴块	JYF22		8	与 13 号件配用 20

续表

序号	名称	图示及图号	规格	数量/(件或套)	使用说明：钢印号/钢号尾数对应于使用层面数
21	螺栓和特制螺母	JYF21	M10	各 10	用于两连杆的连接，固定形成凸轮副的弹簧 21
22	曲柄双连杆部件	JYF17	组合件	4	配有 M6 内六角平端紧定螺钉 4 个 22
23	齿条导向板	JYF18		8	配有固连齿条与齿条导向板的 M10 螺栓及特制 M10 螺母 4 套 23
24	转滑副轴	JYF12-2		16	扁头轴与一构件形成转动副，圆头轴与另一构件形成滑动副 24
25	与直线电动机齿条啮合的齿轮用轴	JYF28		1	配有 M14 螺母 1 个，与 26 号件配用 25
26	与直线电动机齿条啮合的齿轮	JYF29	z=51	1	配有 M6 内六角平端紧定螺钉 1 个，与 25 号件配用 26
27	安装电动机座和行程开关支座用内六角螺钉/平垫	标准件	M8×30 ϕ 8mm	各 20	与 T 形螺母配用
28	滑块	JYF33 JYF34		64	已用 M6 内六角螺钉连接在立柱上
29	实验台机架	JYF31		4	机架内可移动立柱 5 根
30	立柱垫圈	JYF44	ϕ 9mm	40	已用 M8 内六角螺钉将立柱垫圈连接在机架上
31	锁紧滑块方螺母	JYF-46	M6	64	已与滑块相连

续表

序号	名称	图示及图号	规格	数量/(件或套)	使用说明：钢印号/钢号尾数对应于使用层面数
32	T 形螺母	JYF-43		20	凸台卡在机架的长槽内，可轻松用螺栓固定电动机座
33	平键		C3×20 C4×30	24 4	主动轴与带轮的连接、直线电动机齿条啮合的齿轮与其轴的连接
34	平垫片和防脱螺母		ϕ16mm M12×1	20 76	轴相对机架不转动时用来防止轴从机架上脱出
35	旋转电动机座	JYF-38		3	已与电动机相连
36	直线电动机座	JYF-39		1	已与电动机相连
37	传动带	标准件	D 型 600mm 1000mm	 6 3	
38	光槽行程开关	JYF-40		2	两光槽开关的安装间距为直线电动机齿条在单方向上的位移量
39	直线电动机控制器			1	与光槽行程开关配用，可控制直线电动机输出轴的往复运动行程
40	输出轴为往复直线运动的旋转电动机		10mm/s 10r/min	1 3	配光槽行程开关一对
41	工具	活扳手	6 英寸*、8 英寸	各 1	
		内六角扳手	BM-3C 5C 6C	各 4	

* 1 英寸=2.54cm。

（2）机构运动方案创新设计实验台电动、控制器械及主要功用

1）直线电动机、旋转电动机。直线电动机为主动构件输入往复直线运动或往复摆动运动；旋转电动机为主动构件输入旋转运动。

2）直线电动机：10mm/s。直线电动机安装在实验台机架底部，并可沿机架底部的长形槽移动。直线电动机的齿条为主动构件，输入直线往复运动或往复摆动，最大直线位移为 290mm。

3）直线电动机控制器。直线电动机控制器如图 7-1 所示。控制器采用电子组合设计方式，控制电路采用低压电子集成电路和微型密封功率继电器，并采用光槽作为行程开关，极其安全方便。控制器的前面板采用 LED 显示方式，当实验者面对控制器的前面板观看时，控制器上的发光管指示直线电动机齿条的位移方向。控制器的后面板上布置有电源引出线及开关、与直线电动机相连的 4 芯插座、与光槽行程开关相连的 5 芯插座和 1A 熔断器座。

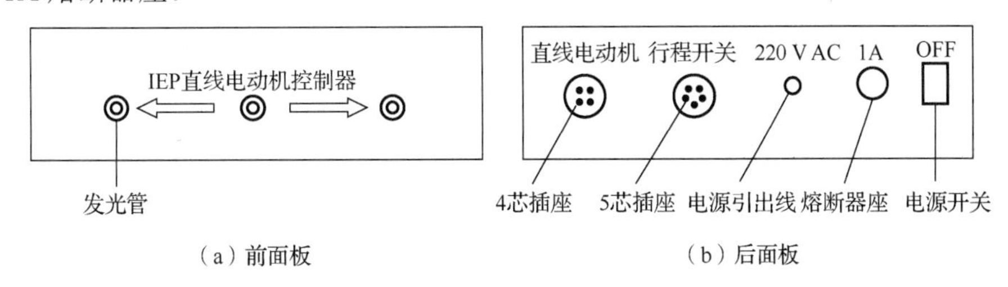

图 7-1　直线电动机控制器

4）旋转电动机：10r/min。旋转电动机安装在实验机架底部，并可沿机架底部的长形槽移动。电动机上连有交流 220V、50Hz 的电源线及插头，连线上串联电源开关。

5）电动机控制器使用注意事项。

① 直线电动机控制器使用中严禁带电进行连线操作。若出现行程开关失灵情况，则立即关闭直线电动机控制器的电源开关。直线电动机外接线上串联接线塑料盒，严禁挤压、摔打塑料盒，以防塑料盒破损造成触电事故。

② 旋转电动机外接连线上串联接线塑料盒，严禁挤压、摔打塑料盒，使用中要轻拿轻放，以防塑料盒破损造成触电事故。

（3）工具

1）一字旋具，梅花旋具，M5、M6、M8 内六角扳手，6 英寸或 8 英寸活扳手，橡皮锤和 1m 卷尺。

2）自备：纸笔。

3. 实验原理

任何平面机构都是由自由度为零的若干杆组依次连接到原动件和机架上组成的，这就是机构的组成原理，也是本实验的基本原理。应深入理解杆组的概念，掌握正确拆分杆组及拼装机构的方法。

（1）杆组的概念

任何机构都是由机架、原动件和从动件系统通过运动副连接而成的。由于平面机构具有确定运动的条件是机构的自由度数目等于原动件数目，因此封闭环机构从动件系统的自由度必等于零。而整个从动件系统又往往可以分解为若干个不可再分的、自由度为零的构件组，称为组成机构的基本杆组，简称杆组。

根据杆组的定义，平面杆组应满足的条件为

$$F = 3n - 2P_L - P_H = 0$$

活动构件数 n、低副数 P_L 和高副数 P_H 都必须是整数。由此可以获得各种类型的基本杆组。

1）高副杆组。当 $n=1$、$P_L=1$、$P_H=1$ 时，即可获得单构件高副杆组，常见的两种杆组如图 7-2 所示。

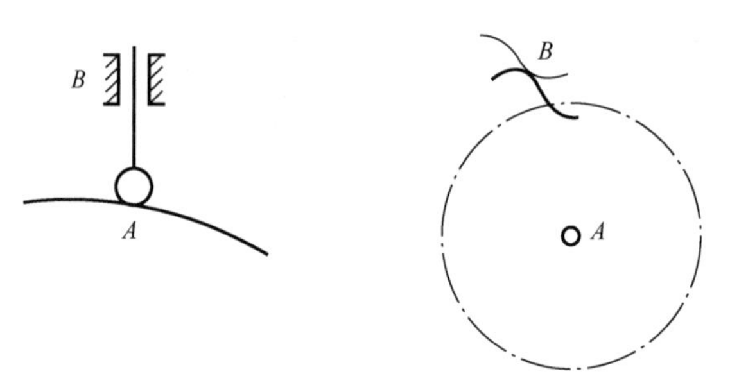

图 7-2　单构件高副杆组

2）低副杆组。当 $P_H=0$ 时，杆组中的运动副全部为低副，称为低副杆组。由于 $F=3n-2P_L-P_H=0$，因此

$$n = 2P_L / 3 \tag{7-1}$$

所以满足式（7-1）的构件数和运动副数的组合为 $n=2, 4, 6, \cdots$，$P_L=3, 6, 9, \cdots$。

$n=2$、$P_L=3$ 时的杆组称为Ⅱ级杆组。Ⅱ级杆组是应用最多的杆组，绝大多数机构由Ⅱ级杆组组成。由于Ⅱ级杆组中转动副和移动副的配置不同，因此Ⅱ级杆组共有图 7-3 所示的 5 种形式。

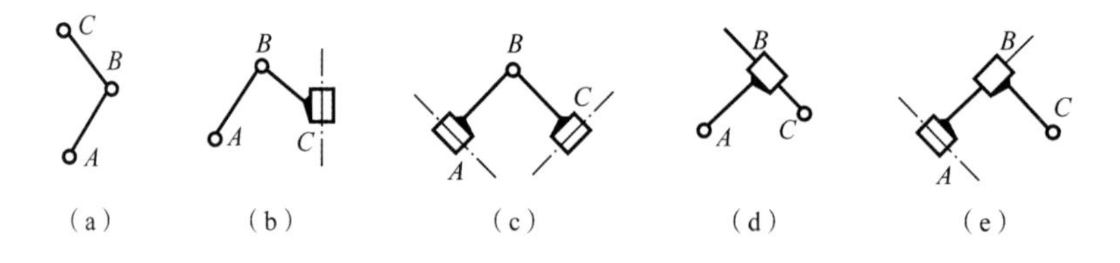

图 7-3　平面低副Ⅱ级杆组

$n=4$、$P_L=6$ 时的杆组称为Ⅲ级杆组。其形式较多，4 种常见的Ⅲ级杆组如图 7-4 所示。

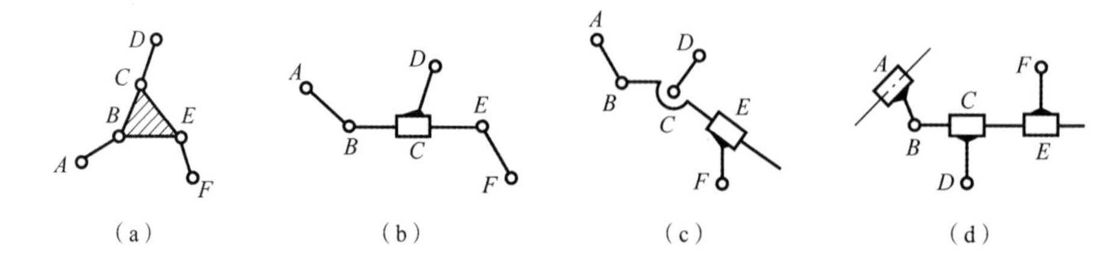

图 7-4　平面低副Ⅲ级杆组

（2）正确拆分杆组

正确拆分杆组的基本步骤如下。

步骤1　去掉机构中的局部自由度和虚约束，有时还要将高副低代（图7-5）。

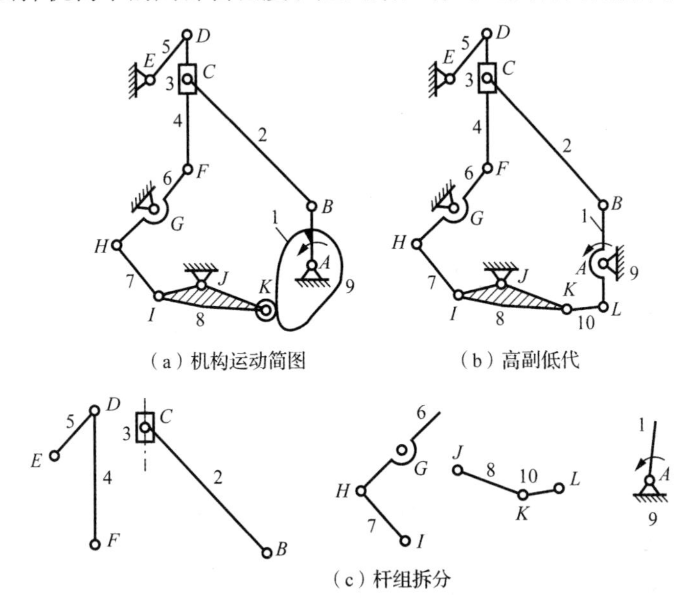

（a）机构运动简图　（b）高副低代

（c）杆组拆分

图7-5　杆组拆分例图

步骤2　计算机构的自由度，确定原动件。

步骤3　从远离原动件的构件开始拆组。先试拆Ⅱ级杆组，若拆不出Ⅱ级杆组，则试拆Ⅲ级杆组，即由最低级别杆组向高一级别杆组依次拆分，最后剩下原动件和机架。

正确拆分的判定标准：拆去一个杆组或一系列杆组后，剩余的部分必须仍为一个完整的机构或若干个与机架相连的原动件，不许有不成杆组的零散构件或运动副存在；否则表明这个杆组或这一系列杆组拆得不对。每当拆出一个杆组后，再对剩余机构进行拆组，直到全部杆组拆完，只剩下与机架相连的原动件为止。

步骤4　确定机构的级别。机构级别由拆分出的最高级别杆组而定。例如，最高级别为Ⅱ级杆组，则此机构为Ⅱ级机构。

注意：同一机构所取的原动件不同，有可能成为不同级别的机构。但当机构的原动件确定后，杆组的拆法是唯一的，即该机构的级别一定。

图7-5（a）所示机构，可先按步骤1除去K处的局部自由度，并进行K处的高副低代（用K-10-L代替），如图7-5（b）所示；然后按步骤2计算机构的自由度，F=1，并确定凸轮为原动件；最后根据步骤3的要领，先拆分出由构件4和5组成的Ⅱ级杆组，再拆分出由构件3和2及构件6和7组成的两个Ⅱ级杆组，以及经过高副低代后构件8与10组成的Ⅱ级杆组，最后剩下原动件1和机架9。由此可知，图中机构为Ⅱ级机构。

（3）正确拼接运动副及机构运动方案

根据事先拟定的机构运动简图，利用机构运动方案创新设计实验台提供的零件，按机构运动的传递顺序进行拼接。通常先从原动件开始，按运动传递路线进行拼接。拼接时，首先要分清机构中各构件所占据的运动平面，并且使各构件的运动在相互平行的平面内进行，其目的是避免各运动构件发生运动干涉。然后，以实验台机架铅垂面为拼接的起始参考面，由里向外进行拼接。拼接中应注意各构件的运动平面是相互平行的，所拼接机构的延伸运动层面数越少，机构运动越平稳。为此，建议机构中各构件的运动层面以交错层的排列方式进行拼接。

4. 实验方法与步骤

步骤 1 根据前述实验设备和工具的内容介绍，熟悉实验设备的零件组成及零件功用。具体使用方法请参阅使用说明书。

步骤 2 自拟机构运动方案或选择实验指导书中提供的机构运动方案作为拼接实验内容。

步骤 3 将拟定的机构运动方案根据机构组成原理按杆组法进行正确拆分，并用机构运动简图表示出来。

步骤 4 找出有关零部件，正确拼接机构运动方案的杆组，将杆组按运动的传递顺序依次接到原动件和机架上。

步骤 5 机构拼接完成后，用手拨动机构，检查机构运动是否正常。

步骤 6 机构运动正常后，方可连上电动机运转，观察机构的运动情况。

步骤 7 记录由实验得到的机构运动学尺寸，并对连接机构进行拍照。

步骤 8 拆卸拼接好的机构，清理实验台，将不用的零件及工具放入箱内，以方便使用。

5. 实验内容

以下各种机构均选自工程实践，要求任选一个机构运动方案，根据机构运动简图初步拟定机构运动学尺寸（机构运动学尺寸也可由实验法求得），再进行机构杆组的拆分，完成平面机构拼接设计实验。

（1）蒸汽机机构

如图 7-6 所示，1-2-3-8 组成曲柄滑块机构，8-1-4-5 组成曲柄摇杆机构，5-6-7-9 组成摇杆滑块机构。曲柄摇杆机构与摇杆滑块机构串联组合。滑块 3、7 做往复运动并有急回特性。适当选取机构运动学尺寸，可使两滑块之间的相对运动满足协调配合的工作要求。

应用举例：蒸汽机的活塞运动及阀门启闭机构。

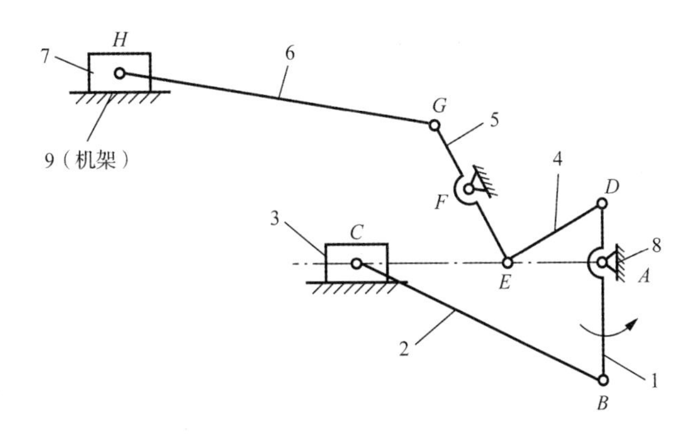

图 7-6　蒸汽机机构

（2）自动车床送料机构

结构说明：自动车床送料机构是由凸轮与连杆组合而成的机构。

工作特点：一般凸轮为主动件，能够实现较复杂的运动规律。

应用举例：自动车床送料机构如图 7-7 所示，由平底直动从动件盘状凸轮机构与连杆机构组成。当凸轮 6 转动时，推杆 5 往复移动，通过连杆 4 与摆杆 3 及滑块 2 带动从动件 1（推料杆）做周期性往复直线运动。

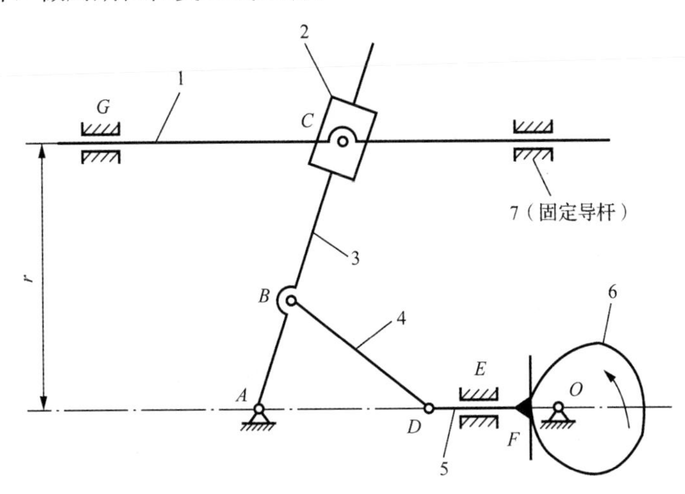

图 7-7　自动车床送料机构

（3）铰链四杆机构

结构说明：如图 7-8（a）所示，双摇杆机构 *ABCD* 的各构件长度满足条件：机架 $L_{AB}=0.64L_{BC}$，摇杆 $L_{AD}=1.18L_{BC}$，连杆 $L_{DC}=0.27L_{BC}$，*E* 点为连杆 *CD* 延长线上的点，并且 $L_{DE}=0.83L_{BC}$。*BC* 为主动摇杆。

工作特点：当主动摇杆 BC 绕 B 点摆动时，E 点轨迹如图 7-8（a）中双点画线所示，其中 E 点轨迹有一段为近似直线。

应用举例：可作固定式港口用起重机，E 点处安装吊钩。利用 E 点轨迹的近似直线段吊装货物，能符合吊装设备的平稳性要求。

注意：由于是双摇杆，因此不能用电动机带动，只能用手动方式带动观察其运动。若要用电动机带动，则可按图 7-8（b）所示方式串联一个曲柄摇杆机构。

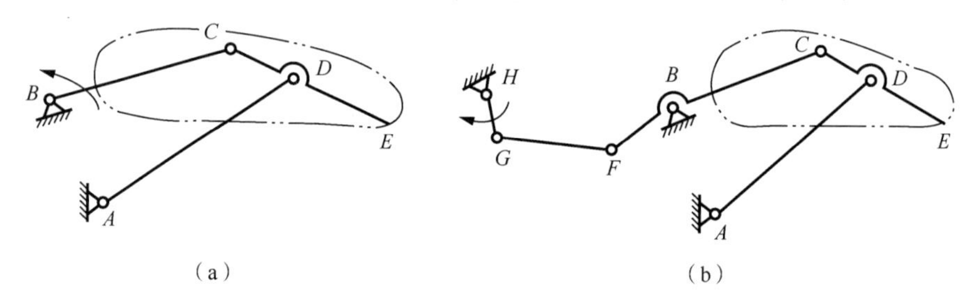

图 7-8　铰链四杆机构

（4）冲压送料机构

结构说明：如图 7-9 所示，1-2-3-4-5-9 组成导杆摇杆滑块冲压机构，由 1-8-7-6-9 组成齿轮凸轮送料机构。冲压机构是在导杆机构的基础上，串联一个摇杆滑块机构组成的。

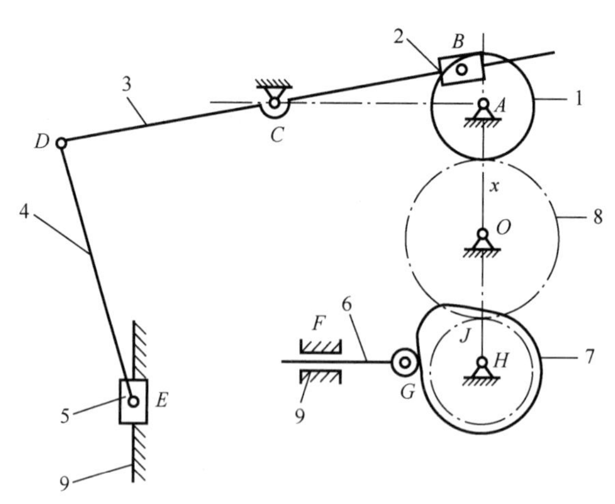

图 7-9　冲压送料机构

工作特点：导杆机构按给定的行程速度变化系数设计，它和摇杆滑块机构组合可达到工作段近于匀速的要求。适当选择导路位置，可使工作段压力角 α 较小。在工程设计中，按机构运动循环图确定凸轮工作角和从动件运动规律，则机构可在预定时间将工件送至待加工位置。

（5）插床的插削机构

结构说明：如图 7-10 所示，在 *ABC* 摆动导杆机构的摆杆 *BC* 反向延长线的 *D* 点上加由连杆 4 和滑块 5 组成的Ⅱ级杆组，成为六杆机构。若在滑块 5 处固接插刀，则该机构可作为插床的插削机构。

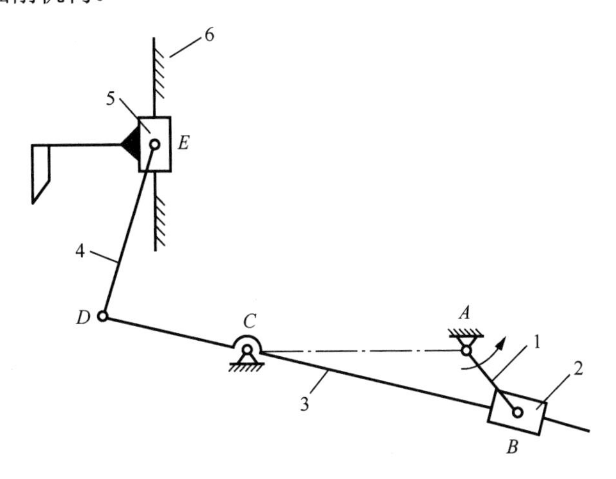

图 7-10　插床的插削机构

工作特点：主动曲柄 *AB* 匀速转动，滑块 5 在垂直 *AC* 的导路上往复移动，具有急回特性。改变 *ED* 连杆的长度，滑块 5 可获得不同的运动规律。

（6）曲柄增力机构

结构说明及工作特点：如图 7-11 所示，当 *BC* 杆受力 $\boldsymbol{F}$，*CD* 杆受力 $\boldsymbol{P}$，则滑块产生的压力大小为

$$Q=\frac{FL\cos\alpha}{S} \tag{7-2}$$

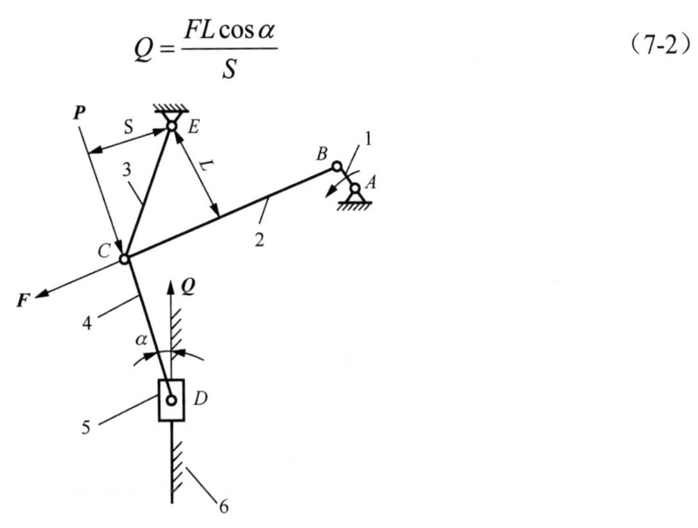

图 7-11　曲柄增力机构

由式（7-2）可知，减小α、S 与增大 L，均能增大增力倍数。因此在设计时，可根据需要的增力倍数决定α、S 与 L，即决定滑块的加力位置，再根据加力位置决定 A 点位置和有关的构件长度。

（7）曲柄滑块机构与齿轮齿条机构的组合

结构说明：图 7-12（a）所示为齿轮齿条行程倍增机构，由固定齿条 5、移动齿条 4 和动轴齿轮 3 组成。

传动原理：当主动件动轴齿轮 3 的轴线向右移动时，动轴齿轮 3 与齿条 5 啮合，使齿轮 3 在向右移动的同时，又做顺时针方向转动。因此，动轴齿轮 3 做转动和移动的复合运动。与此同时，动轴齿轮 3 与移动齿条 4 啮合，带动移动齿条 4 向右移动。设动轴齿轮 3 的行程为S_1，移动齿条 4 的行程为 S，则有 $S = 2S_1$。

图 7-12（b）所示机构由齿轮齿条行程倍增机构与对心曲柄滑块机构串联组成，用来实现大行程 S。如果要求应用对心曲柄滑块机构实现行程放大，以保持机构受力状态良好，即传动压力角较小，则可应用“行程分解变换原理”，将给定的曲柄滑块机构的大行程 S 分解成两部分：S_1 和 S_2。按行程 S_1 设计对心曲柄滑块机构，按行程 S_2 设计附加机构，使机构的总行程为 $S = S_1 + S_2$。

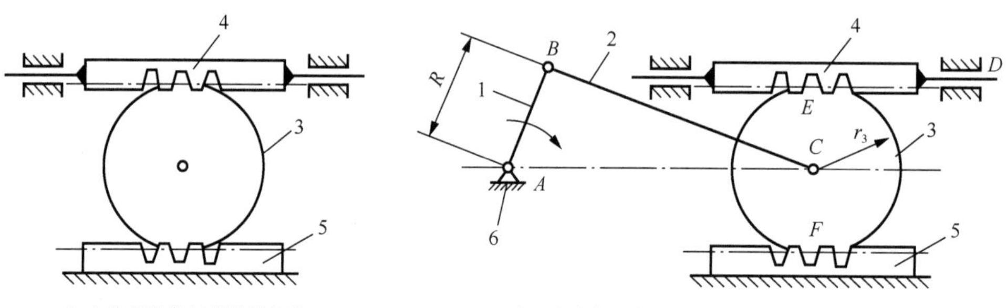

（a）齿轮齿条行程倍增机构

（b）齿轮齿条行程倍增机构与对心曲柄滑块机构的组合

图 7-12　曲柄滑块机构与齿轮齿条机构的组合

工作特点：此组合机构最重要的特点是上齿条的行程比齿轮 3 的铰链中心点 C 的行程大。此外，上齿条做往复直线运动且具有急回特性。当主动件曲柄 1 转动时，齿轮 3 沿固定齿条 5 往复滚动，同时带动齿条 4 做往复移动，齿条 4 的行程 $S = S_1 + S_2 = 2R + 2R = 4R$。

应用举例：该机构可用于印刷机送纸机构。

在工程实际中，还可以对图 7-12（b）所示的机构进行变通。如果齿轮 3 改用节圆半径分别为 r_3、r_3' 的双联齿轮 3、3′，并使齿轮 3 与齿条 5 啮合，齿轮 3′ 与齿条 4 啮合，则齿条 4 的行程为 $S = 2(1 + r_3' / r_3)R$，当 $r_3' > r_3$ 时，$S > 4R$。

（8）铸锭送料机构

结构说明：图 7-13 所示为铸锭送料机构。滑块为主动件，通过连杆 2 驱动双摇杆 $ABCD$，将从加热炉出料的铸锭（工件）送到下一道工序。

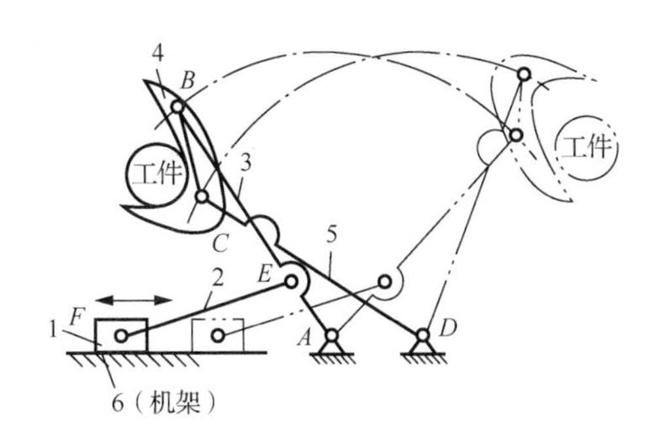

图 7-13　铸锭送料机构

工作特点：图中实线位置为出炉的铸锭进入装料器 4 中，装料器 4 为双摇杆机构 *ABCD* 中的连杆 *BC*，当机构运动到双点画线位置时，装料器 4 翻转 180°，把铸锭卸到下一道工序的位置。

应用举例：加热炉出料设备、加工机械的上料设备等。

（9）精压机机构

结构说明：如图 7-14 所示，该机构由曲柄滑块机构和两个对称的摇杆滑块机构所组成。对称部分由杆件 4-5-6-7 和杆件 8-9-10-7 两部分组成，其中一部分为虚约束。

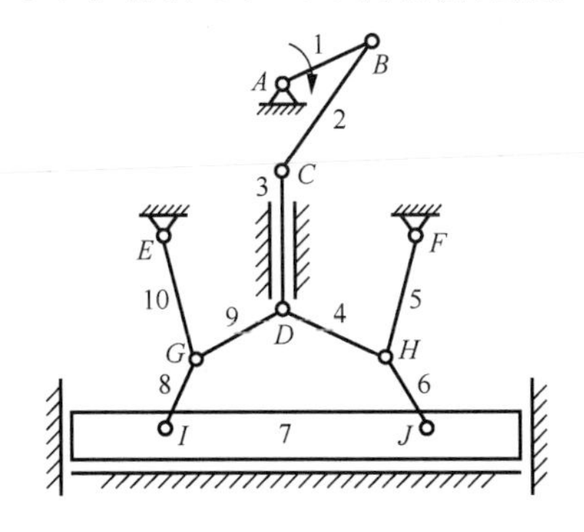

图 7-14　精压机机构

工作特点：当曲柄 1 连续转动时，滑块 3 上下移动，通过 4-5-6 使滑块 7 做上下移动，完成物料的压紧。对称部分 8-9-10-7 的作用是保证滑块 7 平稳下压，使物料受载均衡。

应用举例：如钢板打包机、纸板打包机、棉花打捆机、剪板机等均可采用此机构完成预期工作。

（10）牛头刨床机构

图 7-15（b）为将图 7-15（a）中的构件 3 由导杆变为滑块，而将构件 4 由滑块变为导杆形成的。

结构说明：牛头刨床机构由摆动导杆机构与双滑块机构组成。在图 7-15（a）中，

构件 2、3、4 组成两个同方位的移动副，并且构件 3 与其他构件组成移动副两次；图 7-15（b）则是将图 7-15（a）中 *D* 点滑块移至 *A* 点，使 *A* 点移动副在箱底处，易于润滑，减少移动副摩擦损失，改善机构工作性能。图 7-15（a）和图 7-15（b）所示机构的运动特性完全相同。

工作特点：当曲柄 1 回转时，导杆 3 绕点 *A* 摆动并具有急回性质，使杆 5 完成往复直线运动，并具有工作行程慢、非工作行程快的特点。

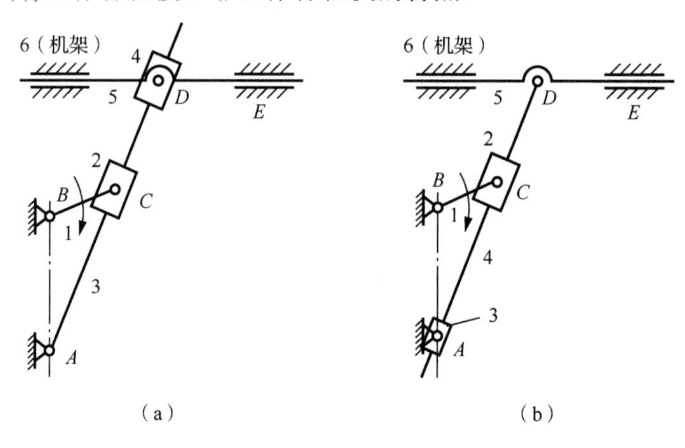

图 7-15　牛头刨床机构

（11）双齿轮冲压机构

结构说明：如图 7-16 所示，该机构由齿轮机构与对称配置的两套曲柄滑块机构组合而成，*AD* 杆与齿轮 1 固连，*BC* 杆与齿轮 2 固连。

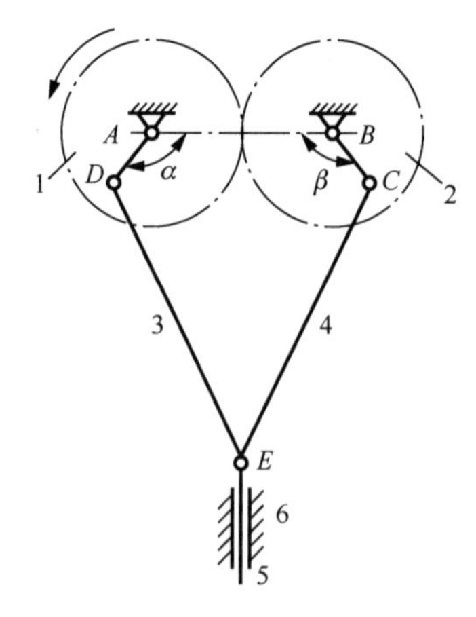

图 7-16　双齿轮冲压机构

组成要求：$z_1 = z_2$；$L_{AD} = L_{BC}$；$\alpha = \beta$。

工作特点：齿轮 1 匀速转动，带动齿轮 2 回转，从而通过连杆 3、4 驱动杆 5 做上下直线运动，完成预定功能。

因为该机构可拆去杆 5，而 E 点运动轨迹不变，故该机构可用于因受空间限制无法安置滑槽但又必须获得直线进给的自动机械中，而且对称布置的曲柄滑块机构可使滑块运动有较好的受力状态。

应用举例：此机构可用于冲压力机、充气泵、自动送料机中。

（12）筛料机构

结构说明：如图 7-17 所示，该机构由曲柄摇杆机构和摇杆滑块机构构成。

工作特点：曲柄 1 匀速转动，通过摇杆 3 和连杆 4 带动滑块 5 做往复直线运动。曲柄摇杆机构的急回特性，使滑块 5 的速度、加速度变化较大，从而更好地完成筛料工作。

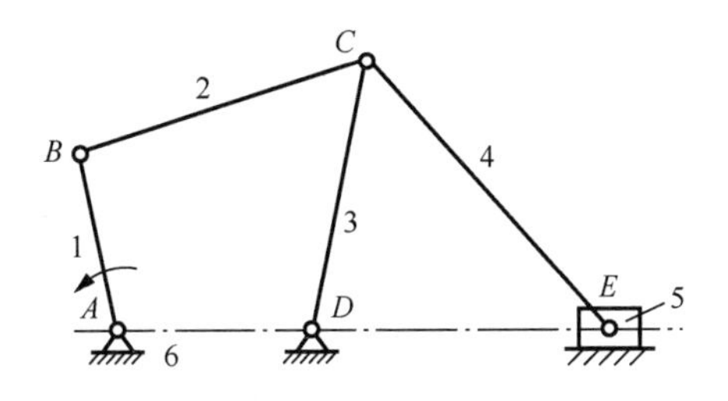

图 7-17　筛料机构

6. 实验设备零件清单及典型拼接说明

（1）机构运动方案创新设计实验台的全部零部件情况

机构运动方案创新设计实验台的全部零部件情况见表 7-1。

使用零部件过程中应逐步熟悉各类零件特点和应用场合，要养成随时整理的习惯。

（2）实验设备零部件典型拼接说明

下面介绍机构运动方案创新设计实验台提供的运动副的拼接方法。为方便说明，图 7-18～图 7-35 中的零件都统一采用表 7-1 中的零件序号标注，其零件序号、名称及功用均与表 7-1 中的说明相对应。

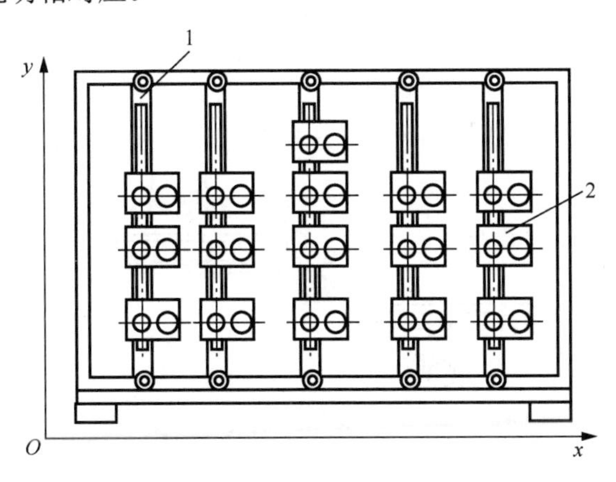

图 7-18　实验台机架图

1）实验台机架。如图 7-18 所示，机架中有 5 根铅垂立柱，各个立柱上有 3～4 个滑块，各个滑块带有滑动轴承座孔。按图示方法即可在 xy 平面内确立一个固定轴承座孔位置。移动时松开锁紧螺栓用双手推动，并尽可能使立柱在移动过程中保持铅垂状态，不允许将立柱上、下两端的螺栓卸下。移动立柱上的滑块时注意安全，不要夹到手指。轴承座孔位置确定后，构件相对机架的连接位置就确定了。

2）轴相对机架的拼接。如图 7-19 所示，有螺纹端的轴颈可以插入滑块 28 上的铜套孔内，通过平垫片和防脱螺母 34 的连接与机架形成转动副或与机架固定。若按图 7-19 拼接后，轴 6 或 8 相对机架固定；若不使用平垫片，则轴 6 或 8 相对机架做旋转运动。可根据需要确定是否使用平垫片。

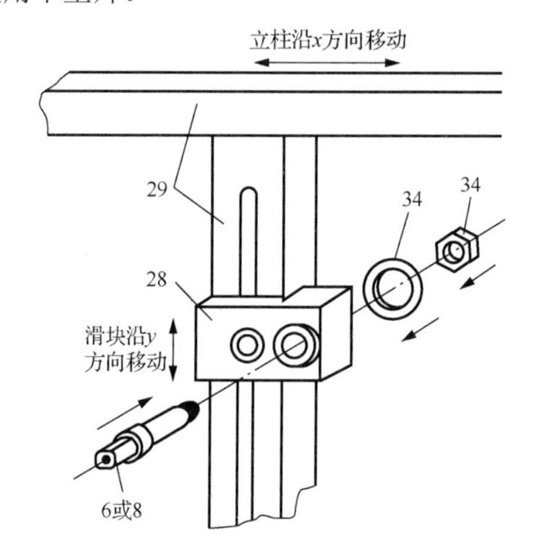

图 7-19　轴相对机架的拼接

轴 6 为主动轴，8 为从动轴。它们主要用于与其他构件形成移动副或转动副，也可将连杆或盘类零件等固定在扁头轴颈上，使之成为一个构件。

3）转动副的拼接（图 7-20）。若两连杆间形成转动副，则可按图 7-20 所示方式拼接。其中，转动副轴 14 的扁平轴颈分别插入两连杆 11 的圆孔内，用压紧螺栓 16、带垫片螺栓 15 与转动副轴 14 端面上的螺孔连接。这样，连杆被压紧螺栓 16 固定在转动副轴 14 的轴颈上，而与带垫片螺栓 15 相连接的转动副轴 14 相对另一连杆转动。

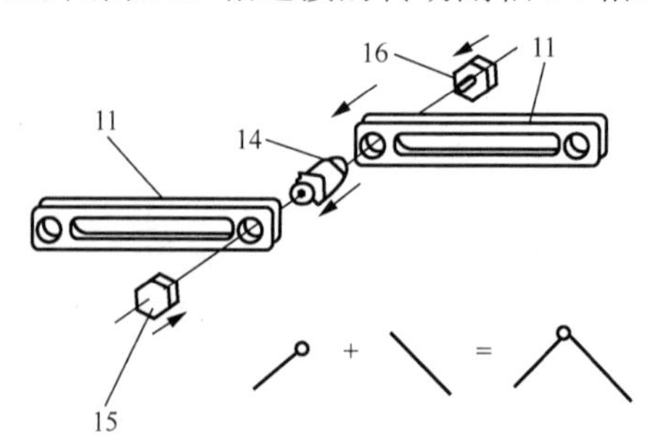

图 7-20　转动副的拼接

根据实际拼接层面的需要，转动副轴 14 可用件 7 转动副轴—3 替代，由于转动副轴 7 的轴颈较长，故此时需选用相应的运动构件层面限位套 17 对构件的运动层面进行限位。

4）移动副的拼接如图 7-21 和图 7-22 所示。

如图 7-21 所示，转滑副轴 24 的圆轴颈端插入连杆 11 的长槽中，通过带垫片螺栓 15 的连接，转滑副轴 24 可与连杆 11 形成移动副。

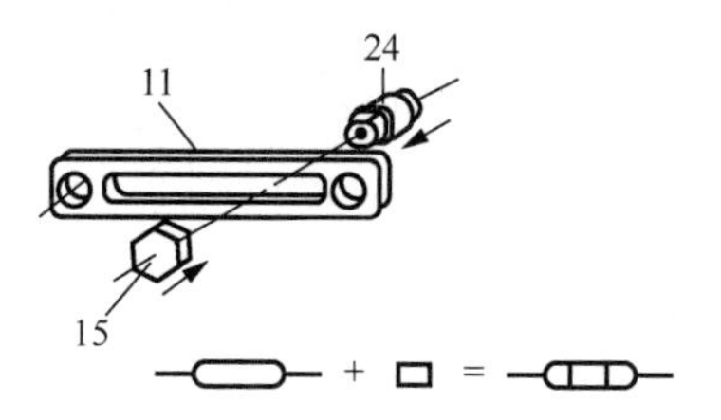

图 7-21　移动副的拼接（一）

转滑副轴 24 的另一端扁平轴可与其他构件形成转动副或移动副。根据实际拼接的需要，也可选用件 7 或件 14 替代件 24 作为滑块。

图 7-22 选用两根轴（轴 6 或 8），将轴固定在机架上，然后将连杆 11 的长槽插入两轴的扁平轴颈上，旋入带垫片螺栓 15，则连杆在两轴的支承下相对机架做移动。根据实际拼接的需要，必要时应合理使用成对的运动构件层面限位套 17（图 7-22 中没有画出，可视作连杆处于最靠近机架的第一运动层面）对构件的运动层面进行限位。

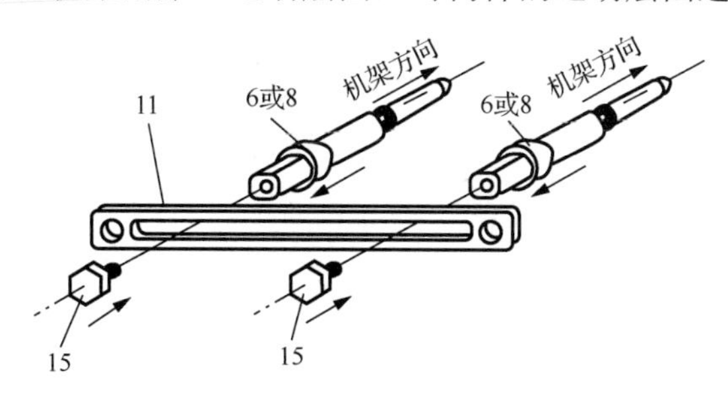

图 7-22　移动副的拼接（二）

5）滑块与连杆组成的转动副和移动副的拼接。如图 7-23 所示，首先用螺栓和特制螺母 21 将固定转轴块 20 锁定在连杆 11 上，再将转动副轴 13 的圆轴端穿入转轴块 20 的圆孔及连杆 11 的长槽中，将带垫片螺栓 15 旋入件 13 的圆轴颈端面的螺孔中，这样件 13 与连杆 11 形成转动副。

将零件 13 扁头轴颈插入另一连杆的长槽中，将带垫片螺栓 15 旋入件 13 的扁平轴端面螺孔中，这样零件 13 与另一连杆 11 形成移动副。

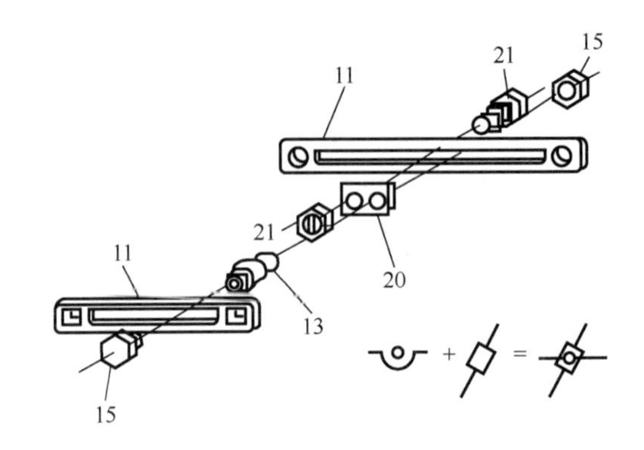

图 7-23　滑块与连杆组成的转动副和移动副的拼接

6）齿轮与轴的拼接。如图 7-24 所示，齿轮 2 装入轴 6 或 8 时，应紧靠轴（或运动构件层面限位套 17）的根部，以防止造成构件的运动层面距离的累积误差。按图 7-24 连接好后，用内六角紧定螺钉 27 将齿轮固定在轴上（螺钉应压紧在轴的平面上）。这样，齿轮与轴形成一个构件。

若不用内六角紧定螺钉 27 将齿轮固定在轴上，欲使齿轮相对轴转动，则选用带垫片螺栓 15 旋入轴端面的螺孔内即可。

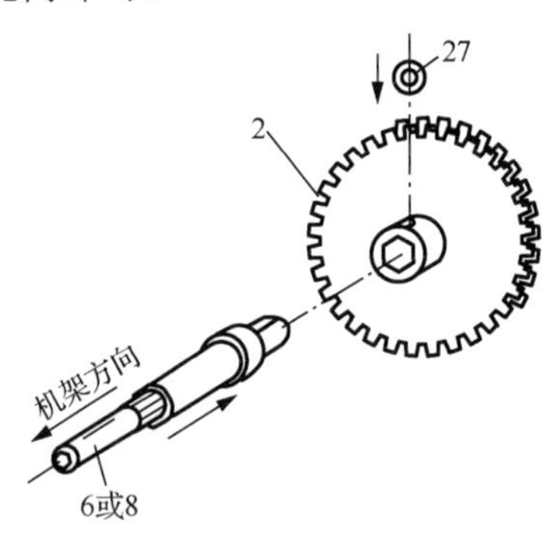

图 7-24　齿轮与轴的拼接

7）齿轮与连杆形成转动副。如图 7-25 所示，连杆 11 与齿轮 2 形成转动副。视所选用盘杆转动轴 19 的轴颈长度不同，决定是否需用运动构件层面限位套 17。

如图 7-26 所示，若选用轴颈长度 L=35mm 的盘杆转动轴 19，则可组成双联齿轮，并与连杆形成转动副；若选用 L=45mm 的盘杆转动轴 19，同样可以组成双联齿轮，与前者不同的是要在盘杆转动轴 19 上加装一个运动构件层面限位套 17。

8）齿条护板与齿条、齿条与齿轮的拼接。如图 7-27 所示，当齿轮与齿条啮合时，若不使用齿条导向板，则齿轮在运动时会脱离齿条。为避免出现这种情况，在设计齿轮与齿条啮合运动方案时，需选用两根齿条导向板 23、两组螺栓和特制螺母 21，按图 7-27 所示方法进行拼接。

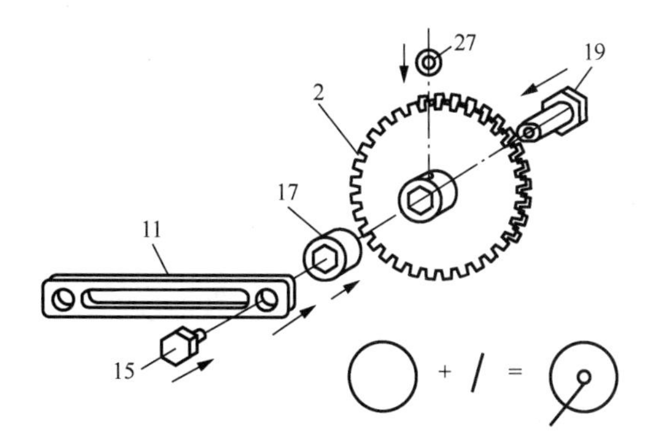

图 7-25　齿轮与连杆形成转动副的拼接

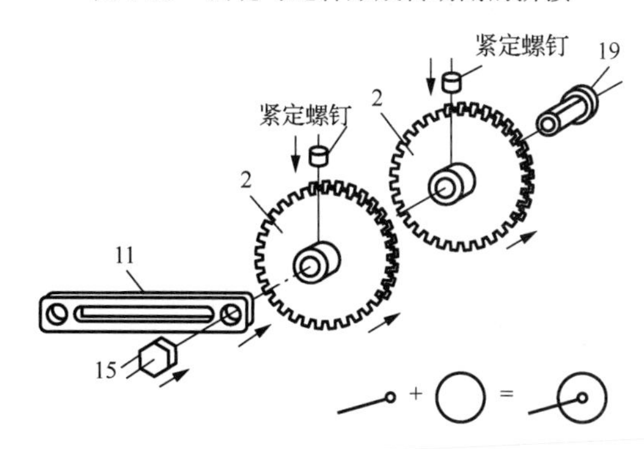

图 7-26　双联齿轮与连杆形成转动副

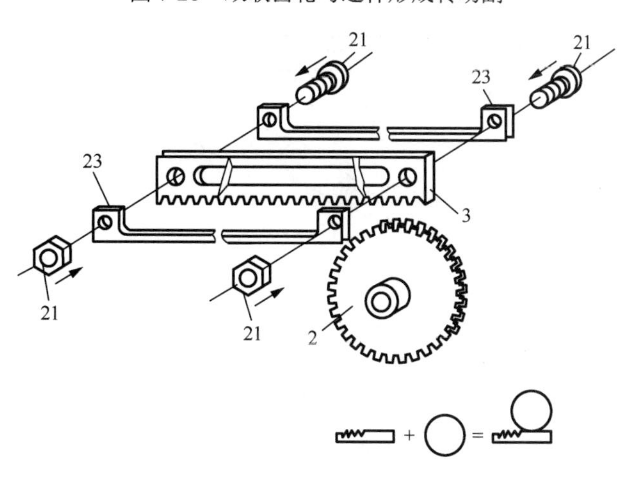

图 7-27　齿轮、齿条的拼接

9）凸轮与轴的拼接。如图 7-28 所示，拼接好后，凸轮 1 与轴 6 或 8 形成一个构件。

若不用内六角紧定螺钉 27 将凸轮固定在轴的扁平端侧平面上，而选用带垫片螺栓 15 旋入轴端面的螺孔内，则凸轮相对轴转动。

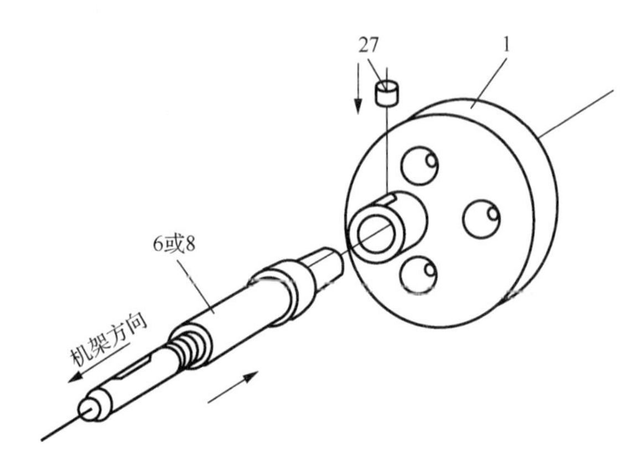

图 7-28 凸轮与轴的拼接

10）凸轮高副的拼接。如图 7-29 所示，首先将轴 6 或 8 与机架相连，然后分别将凸轮 1、从动件连杆 11 拼接到相应的轴上。用内六角紧定螺钉 27 将凸轮紧定在轴 6 上，凸轮 1 与轴 6 形成一个运动构件；将带垫片螺栓 15 旋入轴 8 端面的螺孔中，连杆 11 相对轴 8 做往复移动。高副锁紧弹簧的小耳环用件 21 固定在从动杆连杆上，大耳环的安装方式可根据拼接情况自定，必须注意弹簧的大耳环安装好后，弹簧不能随运动构件转动，否则弹簧会被缠绕。

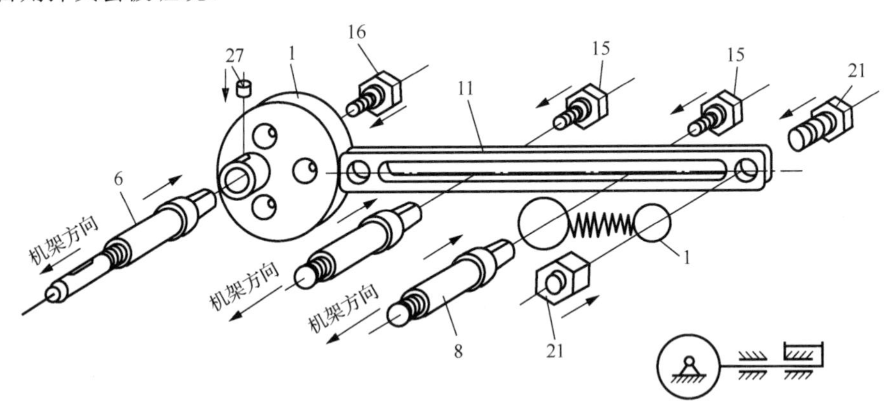

图 7-29 凸轮高副的拼接

注意：用于支承连杆的两轴间的距离应与连杆的移动距离（凸轮的最大升程为 30mm）相匹配。欲使凸轮相对轴的安装更牢固，还可在轴端面的内螺孔中加装压紧螺栓 16。

11）曲柄双连杆部件的使用。如图 7-30 所示，曲柄双连杆部件 22 是由一个偏心轮和一个活动圆环组合而成的。欲将一根连杆与偏心轮形成同一构件，可将该连杆与偏心轮固定在同一根轴 6 或 8 上。图 7-30 所示为一根连杆固连在活动圆环上。

12）槽轮副的拼接。如图 7-31 所示，调整轴 6 或 8 的间距，使槽轮的运动传递灵活。

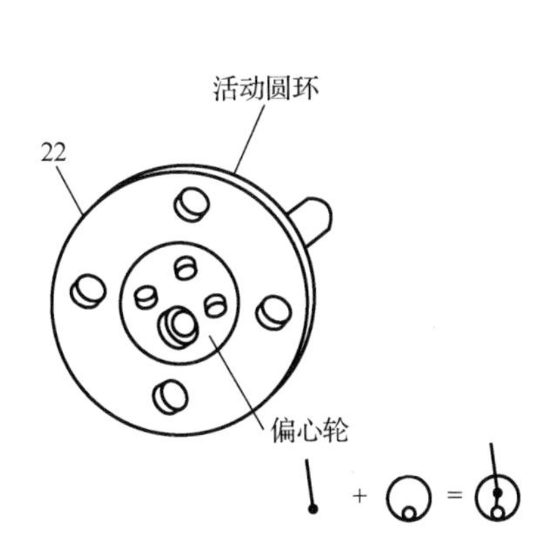

图 7-30　曲柄双连杆部件的拼接

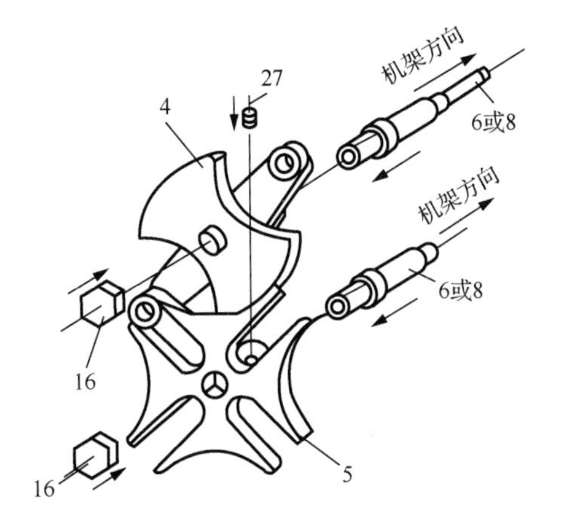

图 7-31　槽轮副的拼接

提示：为使盘类零件与轴更牢靠地固定，除使用内六角螺钉 27 紧固外，还可加用压紧螺栓 16。

13）滑块导向杆与机架的拼接。如图 7-32 所示，将轴 6 或 8 插入滑块 28 的轴孔中，用平垫片和防脱螺母 34 将轴 6 或 8 固定在滑块 28 上，并使轴颈平面平行于直线电动机齿条的运动平面；将滑块导向杆 11 通过压紧螺栓 16 固定在轴 6 或 8 的轴颈上。这样，滑块导向杆 11 与实验台机架 29 成为一个构件。

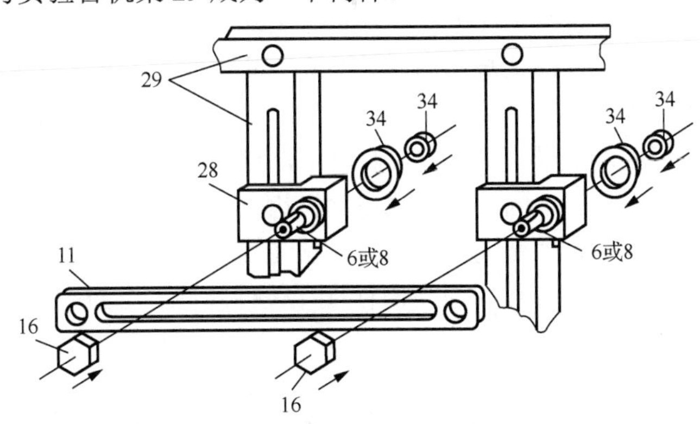

图 7-32　滑块导向杆与机架的拼接

14）主动滑块与直线电动机齿条的拼接。如图 7-33 所示，输入主动运动为直线运动的构件称为主动滑块。若使轴颈平面平行于直线电动机齿条的运动平面，保证主动滑块插件 9 的中心轴与直线电动机齿条的中心轴线相互垂直且在一个运动平面内，则可以使主动滑块插件 9 沿滑块导向杆的长槽作往复移动。

首先将主动滑块座 10 套在直线电动机的齿条上（为了避免直线电动机齿条脱离电动机主体，建议将主动滑块座固定在电动机齿条的端头位置），再将主动滑块插件 9 上

只有一个平面的轴颈端插入主动滑块座 10 的内孔中，将有两平面的轴颈端插入起支承作用的连杆 11 的长槽中。然后，将主动滑块座调整至水平状态，直至主动滑块插件 9 能相对连杆 11 的长槽做灵活的往复直线运动，此时用螺栓 26 将主动滑块座固定。

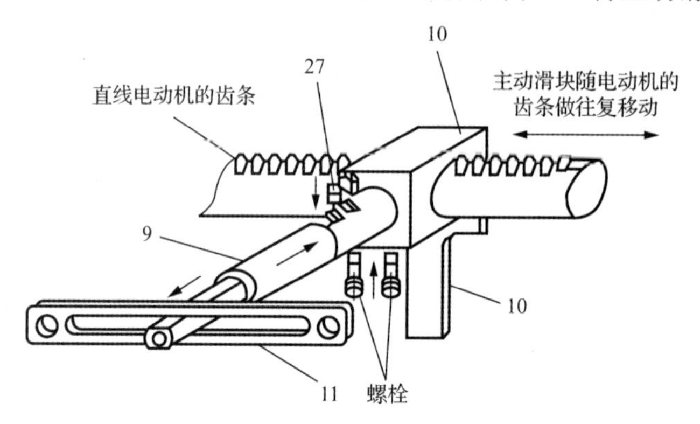

图 7-33　主动滑块与直线电动机齿条的拼接

最后，根据外接构件的运动层面，调节主动滑块插件 9 的外伸长度（在必要情况下，沿主动滑块插件 9 的轴线方向调整直线电动机的位置），以满足与主动滑块插件 9 形成运动副的构件的运动层面的需要，并用内六角紧定螺钉 27 将主动滑块插件 9 固定在主动滑块座 10 上。

提示：图 7-33 拼接的部分仅为某一机构的主动运动部分，因此，在拼接图示部分时应尽量减少占用空间，以满足后续的拼接需要。具体做法是将直线电动机固定在机架的最左边或最右边位置。

15）光槽行程开关的安装。如图 7-34 所示，首先用螺钉将光槽片固定在主动滑块座上，再将主动滑块座水平地固定在直线电动机齿条的端头，然后用内六角螺钉将光槽行程开关固定在实验台机架底部的长槽上，且使光槽片能顺利通过光槽行程开关，即光槽片处在光槽间隙之间，这样可保证光槽行程开关有效且工作面不被光槽片撞坏。

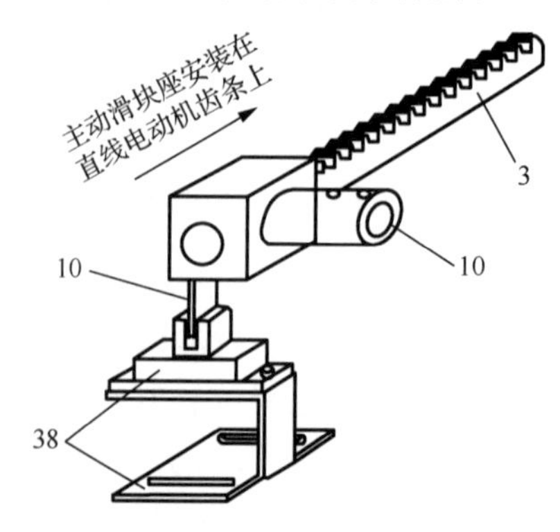

图 7-34　光槽行程开关的安装

在固定光槽行程开关之前，应调试光槽行程开关的控制方向与直线电动机齿条的往复运动方向和谐一致。具体操作如下：拿一可遮挡光线的薄物片（相当于光槽片）间断插入或抽离光槽行程开关的光槽，以确认光槽行程开关的控制方向与光槽行程开关所控制的电动机齿条运动方向协调一致；确保协调一致后方可固定光槽行程开关。

注意：直线电动机齿条的单方向位移量是通过上述一对光槽行程开关的间距来实现控制的。光槽行程开关之间的安装间距即直线电动机齿条在单方向的行程，一对光槽行程开关的安装间距要求不超过 290mm。由于主动滑块座需要靠连杆支撑（图 7-33），即主动滑块是在连杆的长孔范围内做往复运动的，而最长连杆 11 上的长孔尺寸小于 300mm，因此，一对光槽行程开关的安装间距不能超过 290mm；否则会造成人身和设备的安全事故。

（3）蒸汽机机构拼接实例

通过学习图 7-35（图中编号与表 7-1 中序号相同），进一步熟悉零件的使用，该蒸汽机的机构运动简图如图 7-6 所示。

在实际拼接中，为避免蒸汽机机构中的曲柄滑块机构与曲柄摇杆机构间的运动发生干涉，机构运动简图中所表明的构件 1 和构件 4，应分别选用曲柄双连杆部件 22 和一根短连杆 11 来替代。曲柄双连杆部件的具体使用请看设备使用说明书中的相关说明。

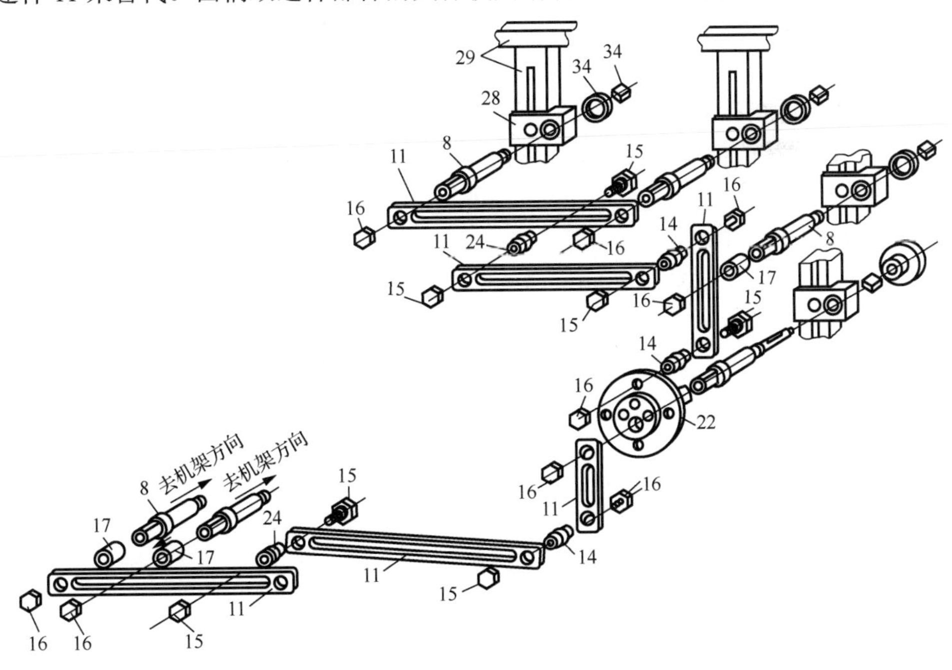

图 7-35　蒸汽机机构拼接实例

7．思考题

1）简要说明平面机构杆组的拆分过程，并画出所拆平面机构的杆组简图。

2）根据你所拆分的杆组，按不同的顺序排列杆组，可能组合的机构运动方案有哪些？要求用机构运动简图表示出来，就运动传递情况作方案比较，并简要说明。

7.2 机构运动方案创新设计实验报告

1. 实验目的

2. 实验设备

3. 实验内容

1）绘制实际拼接的平面机构运动简图，在简图中标注实测所得的机构运动学尺寸，并附实际拼接的机构运动方案照片。

选题图号及名称：________________或自选题名称：________________

平面机构运动简图：

运动学尺寸

比例尺 μ_l =

2）简要说明平面机构杆组的拆分过程，并画出所拆平面机构的杆组简图。

3）根据你所拆分的杆组，按不同的顺序排列杆组，可能组合的机构运动方案有哪些？要求用机构运动简图表示出来，就运动传递情况作方案比较，并简要说明。

4）简要说明实验的收获与体会。

实验 8

机械设计现场认知实验

8.1 机械设计现场认知实验指导书

1. 实验目的

1）了解各种常用零件的基本类型、结构形式、工作原理及特点。
2）了解各种常用部件的类型、安装、定位、张紧、润滑与维护。
3）了解各种传动的特点、应用及相关的国家标准。
4）增强对各种零部件的结构及机器的感性认识，提高机械设计能力。

2. 实验设备

本实验使用 CQSG-18B 机械零件陈列柜，共有 18 个展柜，由 300 多个零部件模型及实物组成。机械设计陈列柜主要展示各种机械零部件的类型、工作原理、应用及结构设计，所展示的机械零部件既有实物也有模型，部分结构做了剖切。由 18 个展柜组成的机械设计陈列柜展出的内容如下：螺纹联接的基本知识，螺纹联接的应用与设计，键联结、花键联结和无键联接，铆接、焊接、胶接和过盈配合联接，带传动，链传动，齿轮传动，蜗杆传动，滑动轴承，滚动轴承类型，滚动轴承装置设计，联轴器，离合器，轴的分析与设计，弹簧，减速器，润滑与密封，小型机械结构设计实例等。

通过对机械设计陈列柜中各种零件的观察了解和对实验指导书的学习，以及实验指导教师的介绍、答疑，认识机器中常用的基本零件，使理论与实际对应起来，从而增强对机械零件的感性认识，并且通过认真观察陈列的机械设备及机器模型，清晰地认识到机械零件是机器的基本组成要素。

3. 现场教学内容简介

第 1 展柜　螺纹联接的基本知识

螺纹联接和螺旋传动都是利用螺纹零件工作的，常用的螺纹类型很多，陈列柜里展示了两类，即用于紧固的粗牙普通螺纹、细牙普通螺纹、圆柱螺纹、圆锥管螺纹和圆锥螺纹；用于传动的矩形螺纹、梯形螺纹、锯齿形螺纹及左、右旋螺纹。

螺纹联接在结构上有 4 种基本类型，即螺栓联接、双头螺柱联接、螺钉联接和紧定

螺钉联接。在螺栓联接中，又有普通螺栓联接与配合螺栓联接之分。普通螺栓联接的结构特点是连接件上通孔和螺杆间留有间隙，而配合螺栓联接的孔和螺杆间则采用过渡配合。除了这4种基本类型，还可以看到吊环螺钉联接、T形槽螺栓联接、地脚螺栓联接和配合螺栓联接等特殊类型。设计时，可根据需要加以选择。

螺纹联接离不开联接件，螺纹联接件种类很多，第1展柜陈列有常见的螺栓、双头螺柱、螺钉、螺母、垫圈等，它们的结构形式和尺寸都已标准化，设计时可根据有关标准选用。

第2展柜 螺纹联接的应用与设计

在螺纹联接中，为了防止联接松脱，保证联接可靠，设计螺纹联接时必须采取有效的防松措施，这里陈列有靠摩擦防松的对顶螺母、弹簧垫圈、自锁螺母；靠机械防松的开口销与六角开槽螺母、止动垫圈、串联钢丝，以及特殊的端铆、冲点等防松方法。

绝大多数螺纹联接在装配时必须预先拧紧，以增强联接的可靠性和紧密性。对于重要的联接，如缸盖螺栓联接，既需要足够的预紧力，又不希望出现因预紧力过大而使螺栓过载拉断的情况。因此，在装配时要设法控制预紧力。控制预紧力的方法和工具很多，这里陈列的测力矩扳手和定力矩扳手就是常用的工具，测力矩扳手的工作原理是利用弹性变形来指示拧紧力矩的大小，定力矩扳手则利用了过载时卡盘与柱销打滑的原理，调整弹簧的压紧力，控制拧紧力矩的大小。

螺纹联接应用广泛，这里陈列了一些应用方面的模型。在应用中，作为紧固用的螺纹联接，要保证联接强度和紧密性；作为传递运动和动力的螺旋传动，则要保证螺旋副的传动精度、效率和磨损寿命等。

为了提高螺栓联接的强度，可以采取很多措施，这里陈列的腰状杆螺栓、空心螺栓、螺母下装弹性元件，以及在气缸螺栓联接中采用刚度较大的硬垫片或密封环密封，都能降低影响螺栓疲劳强度的应力幅。采用悬置螺母、环槽螺母、内斜螺母等均载螺母，能改善螺纹牙上载荷分布不均现象。采用球面垫圈、腰环螺栓联接，在支承面加工出凸台或沉孔座，倾斜支承面处加斜面垫圈等，都能减少附加弯曲应力。此外，采用合理的制造工艺方法，也有利于提高螺栓强度。

第3展柜 键联结、花键联结和无键联结

键是一种标准零件，通常用于实现轴与轮毂之间的周向固定并传递转矩。陈列柜里展示的键联结的几种主要类型，依次为普通平键联结、导向平键联结、滑键联结、半圆键联结、楔键联结和切向键联结。在这些键联结中，普通平键联结应用最为广泛。

花键联结，由外花键和内花键组成。花键联结按其齿形不同，分为矩形花键、渐开线花键和三角形花键，它们都已标准化。花键联结虽然可以看作平键联结在数目上的发展，但由于其结构与制造工艺不同，所以在强度、工艺和使用上表现出新的特点。

当轴与毂的联接不用键或花键时，统称为无键联接。陈列柜里展示的型面联接模型，

就属于无键联接的一种。无键联接因减少了应力集中，所以能传递较大的转矩，但加工比较复杂。

销主要用来固定零件之间的相对位置，也可用于轴与毂的联接或其他零件的联接，并且可以传递不大的载荷，还可以作为安全装置中的过载剪断元件，称为安全销。销可分为圆柱销、圆锥销、槽销、开口销等。

第4展柜　铆接、焊接、胶接和过盈配合联接

铆接是一种很早就被使用的简单机械连接，主要由铆钉和被连接件组成。第4展柜陈列有3种典型的铆缝结构形式，依次为搭接铆缝、单盖板对接铆缝和双盖板对接铆缝。此外，我们还可以看到常用的铆钉在铆接后的7种形式。铆接具有工艺设备简单、抗震、耐冲击和牢固可靠等优点，但结构一般较为笨重，铆件上的钉孔会削弱强度，铆接时一般噪声很大。因此，目前铆接除在桥梁、建筑、造船等领域仍常被采用外，应用逐渐减少，并被焊接、胶接所代替。

焊接的方法很多，如电焊、气焊和电渣焊，其中尤以电焊应用最广。电焊焊接时形成的接缝叫焊缝。按焊缝特点的不同，焊接有正接填角焊、搭接填角焊、对接焊和塞焊等基本形式。

胶接是利用胶黏剂在一定条件下把预制元件连接在一起，并具有一定的连接强度。采用胶接时，要正确选择胶黏剂和设计胶接接头的结构形式。陈列柜里展示的是板件接头、圆柱形接头、锥形及盲孔接头，以及角接头等典型结构。

过盈配合连接是利用零件间的配合过盈来达到连接目的的，陈列柜里展示的是常见的圆柱面过盈配合连接的应用示例。

第5展柜　带　传　动

在机械传动系统中，经常采用带传动来传递运动和动力。观察带传动模型，可知它由主、从动带轮及套在两轮上的传动带所组成。当电动机驱动主动轮转动时，带和带轮间的摩擦力，驱动从动轮一起转动，并传递一定的动力。

传动带有多种类型，陈列柜里展示的有平带、标准普通V带、接头V带、多楔V带及同步带，其中以标准普通V带应用最广。这种传动带制成的无接头的环带，按横剖面尺寸分为Y、Z、A、B、C、D、E 7种型号。

V带轮结构有实心式、腹板式、孔板式和轮辐式等常用形式。选择什么样的结构形式，主要取决于带轮的直径。带轮尺寸由带轮型号确定。

为了防止V带松弛，保证带的传动能力，设计时必须考虑张紧问题。常见的张紧装置有滑道式定期张紧装置、摆架式定期张紧装置、利用电动机自重的自动张紧装置及张紧轮装置。

第 6 展柜　链　传　动

链传动属于带有中间挠性件的啮合传动，观察链传动模型可知它由主、从动链轮和链条所组成。按用途不同，链可分为传动链和起重运输链。在一般机械传动中，常用的是传动链。这里陈列有常见的单排滚子链、双排滚子链、齿形链和起重链。

链轮是链传动的主要零件。这里陈列有整体式、孔板式、齿圈焊接式和齿圈用螺栓连接式等不同结构的链轮。滚子链链轮的齿形已经标准化，可用标准刀具加工。

传动链类型：传动链有许多种，陈列柜里展示的有套筒滚子链、双列滚子链、起重链条和链接头，它们都被广泛地应用在机械传动中。

链传动的布置与张紧：链传动的布置是否合适，对传动的工作能力及使用寿命都有较大影响。水平布置时，紧边在上在下都可以，但在上好些；垂直布置时，为了保证有效啮合，应考虑中心距可调，设置张紧轮，使上下两轮偏置等措施。

链传动张紧的目的：避免在链条垂度过大时产生啮合不良和链条的振动现象。陈列柜里展示的有张紧轮定期张紧、张紧轮自动张紧和压板定期张紧等方法。

第 7 展柜　齿　轮　传　动

齿轮传动是机械传动中最主要的一类传动，形式很多，应用广泛。陈列柜里展示的是最常用的直齿圆柱齿轮传动、斜齿圆柱齿轮传动、人字齿轮传动、齿轮齿条传动、直齿圆锥齿轮传动和曲齿锥齿轮传动。

陈列柜里展示了齿轮常见的 5 种失效形式模型，它们是轮齿折断、齿面磨损、点蚀、胶合及塑性变形。针对不同的失效形式，可以建立相应的设计准则。目前在设计一般使用的齿轮传动时，通常只按保证齿根弯曲疲劳强度及保证齿面接触疲劳强度两项准则进行计算。

为了进行强度计算，必须对轮齿进行受力分析，这里陈列的直齿轮、斜齿轮和锥齿轮轮齿受力分析模型，有助于形象地了解作用在齿轮上的法向力如何分解成圆周力、径向力及轴向力等，至于各分力的大小，可通过相应的计算公式确定。

齿轮的结构形式：陈列柜里展示的有齿轮轴、实心式齿轮、腹板式齿轮、带加强筋的腹板式齿轮、轮辐式齿轮等常用结构，设计时主要根据齿轮的尺寸确定齿轮的结构形式。

第 8 展柜　蜗　杆　传　动

蜗杆传动是用来传递空间互相垂直而不相交的两轴间的运动和动力的传动机构。它由于具有传动比大而结构紧凑等优点，所以应用较广。陈列柜里展示的是普通圆柱蜗杆传动、三头蜗杆传动、圆弧面蜗杆传动和锥蜗杆传动等常见类型，其中应用最多的是普通圆柱蜗杆传动，即阿基米德蜗杆传动。在通过蜗杆轴线并垂直于蜗轮轴线的中间平面上，蜗杆与蜗轮的啮合关系可以看作直齿齿条和齿轮的啮合关系。

蜗杆的结构：由于蜗杆螺旋部分的直径不大，所以常和轴做成一个整体。陈列柜里展示的有两种结构形式的蜗杆：一种无退刀槽，加工螺旋部分时只能用铣制的办法；另一种有退刀槽，螺旋部分可以车制也可以铣制，但这种结构的刚度比前一种差。当螺杆螺旋部分的直径较大时，也可以将蜗杆与轴分开制造。

常用的蜗轮结构形式也有多种，陈列柜里展示的有齿圈式、螺栓联接式、整体浇注式和拼铸式等典型结构，设计时可根据蜗杆尺寸选择。

在设计蜗杆传动时，要进行受力分析。陈列柜里展示的受力分析模型给出齿面法向载荷分解为圆周力、径向力及轴向力的情况，各分力的大小可通过计算公式计算。

第9展柜 滑动轴承

滑动摩擦轴承简称滑动轴承，用来支承转动零件，按其所能承受的载荷方向不同，分为向心滑动轴承与推力滑动轴承。对开式向心滑动轴承用来承受径向载荷。从结构上看，它由对开式轴承座、轴瓦及联接螺栓组成，这是独立使用的向心轴承的基本结构形式。此外，还有整体式向心滑动轴承、带锥形表面轴套轴承、多油楔轴承和扇形块可倾轴瓦轴承等结构形式。

推力滑动轴承用来承受轴向载荷。它由轴承座与推力轴颈组成。陈列柜里展示的是固定的推力轴承的几种结构形式，依次为实心式、单环式、空心式和多环式。

在滑动轴承中，轴瓦是直接与轴颈接触的零件，是轴承的重要组成部分，常用的轴瓦可分为整体式和剖分式两种结构。为了把润滑油导入整个摩擦表面，在轴瓦或轴颈上须开设油孔或油槽。油槽的形式一般有纵向槽、环形槽及螺旋槽等。

根据滑动轴承两个相对运动表面间油膜形成原理的不同，滑动轴承分为动压轴承和静压轴承，陈列柜里展示有向心动压滑动轴承的工作状况，由此可以看出，当轴颈转速达到一定值后，轴颈和轴承才有可能处于完全液体摩擦状态。

静压轴承是依靠外界供给一定的压力油而形成承载油膜，使轴颈和轴承相对转动时处于完全液体摩擦状态的，模型展示了这种滑动轴承的基本原理。

第10展柜 滚动轴承类型

滚动轴承在是现代机器中广泛应用的部件之一。观察滚动轴承，可知其由内圈、外圈、滚动体和保持架4部分组成。滚动体是形成滚动摩擦的基本元件，它可以被制成球状或不同的滚子形状，相应地有球轴承和滚子轴承。

滚动轴承按承受的外载荷不同，可以概括地分为向心轴承、推力轴承和向心推力轴承三大类。在各个大类中，滚动轴承又可被做成不同结构、尺寸、精度等级，以便适应不同的技术要求。这里陈列出常用的10类轴承，它们分别为深沟球轴承、调心球轴承、圆柱滚子轴承、调心滚子轴承、滚针轴承、螺旋滚子轴承、角接触球轴承、圆锥滚子轴承、推力球轴承和推力调心滚子轴承。

为便于组织生产和选用，《滚动轴承　代号方法》（GB/T 272—2017）规定了轴承代

号的表示方法。大家应先熟悉基本代号的含义，据此可以识别常用轴承的主要特点。

滚动轴承工作时，轴承元件上的载荷和应力是变化的。连续运转的轴承有可能发生疲劳点蚀，因此需要按疲劳寿命选择滚动轴承的尺寸。

第 11 展柜　滚动轴承装置设计

要保证轴承顺利工作，必须解决轴承的安装、紧固、调整、润滑和密封等问题，即进行轴承装置的结构设计或轴承组合设计。

常用的 10 种轴承部件结构模型如下。

第 1 种为直齿轮轴承部件，它采用深沟球轴承，两轴承内圈一侧用轴肩定位，外圈靠轴承盖作轴向紧固，属于两端固定的支承结构。右端轴承外圈与轴承盖间留有间隙。它采用 U 型橡胶油封密封。

第 2 种也是直齿轮轴承部件，它采用深沟球轴承和嵌入式轴承盖，轴向间隙靠右端轴承外圈与轴承盖间的调整环保证，采用密封槽密封。显然，它也是两端固定的支承结构。

第 3 种为人字齿轮轴承部件，采用外圈无挡边圆柱滚子轴承，靠轴承内、外圈作双向轴向固定。工作时轴可以自由地做双向轴向移动，实现自动调节。它是一种两端游动的支承结构。

第 4 种为斜齿轮轴承部件，采用角接触轴承，两轴承内侧加挡油盘，进行内部密封。靠轴承盖与箱体间的调整片保证轴承有合适的轴向间隙，采用 U 型橡胶油封密封。它也是两端固定的支承结构。

第 5 种、第 6 种都为斜齿轮轴承部件，请分析它们的结构特点。

第 7 种、第 8 种为小圆锥齿轮轴承部件，都采用圆锥滚子轴承，一种正装，另一种反装。套杯内外两垫片可分别用来调整轮齿的啮合位置及轴承的间隙，采用毡圈密封。采用正装方案安装调整方便；采用反装方案使支承刚度稍大，结构复杂，安装调整不便。

第 9 种、第 10 种为蜗杆轴承部件。第 9 种采用圆锥滚子轴承，呈两端固定方式。第 10 种则采用一端固定、一端游动的方式，固定端采用一对角接触球轴承，游动端采用一个深沟球轴承。这种结构可用于转速较高、轴承较大的场合。

在轴承组合设计中，轴承内、外圈的轴向紧固值得注意。这里展示了轴承内外圈紧固的常用方法。

为了提高轴承旋转精度和增加轴承装置刚性，轴承可以预紧，即在安装时用某种方法预先在轴承中产生并保持一轴向力，以消除轴承侧向间隙。陈列柜里展示了轴承的常用预紧方法。

第 12 展柜　联　轴　器

联轴器是用来连接两轴以传递运动和转矩的部件。陈列柜里展示了固定式刚性联轴器、可移式刚性联轴器和弹性联轴器等基本类型。

固定式刚性联轴器：陈列柜里展示的是凸缘联轴器和套筒式联轴器，它们由于无可移性，无弹性元件，对所联两轴间的偏移缺乏补偿能力，所以适用于转速低、无冲击、轴的刚性大和对中性较好的场合。

可移式刚性联轴器：陈列柜里展示的有滑块联轴器、十字轴式万向联轴器和齿式联轴器。这类联轴器因具有可移性，故可补偿两轴间的偏移。但它因无弹性元件，故不能缓冲减振。

弹性联轴器的种类也很多，陈列柜里展示的有弹性套柱销联轴器、弹性柱销联轴器、轮胎联轴器、星形弹性联轴器和梅花形弹性联轴器。它们的共同的特点是装有弹性元件，不仅可以补偿两轴间的偏移，还具有缓冲减振的能力。

上述各种联轴器已经标准化或规格化，设计时可参考相关手册，根据机器的工作特点及要求，结合联轴器的性能选定合适的类型。

第13展柜　离　合　器

离合器也用来联接两轴以传递运动和转矩，但它能在机器运转中将传动系统随时分离或接合，陈列柜里有牙嵌离合器、摩擦式离合器和具有特殊结构与功能的离合器三大类型的离合器。

牙嵌离合器：离合器由两个半离合器组成，其中一个固定在主动轴上，另一个用导键或花键与从动轴联结，并可用操纵机构使其做轴向移动，以实现主离合器的分离与接合。这类离合器一般用于低速接合处。

摩擦式离合器分为单盘摩擦离合器、多盘摩擦离合器和锥形摩擦离合器。与牙嵌离合器相比，摩擦式离合器不论在任何速度下都可离合，接合过程平稳，冲击振动较小，过载时可以打滑，但其外廓尺寸较大。

除具有一般结构和一般功能的离合器外，还有一些具有特殊结构或特殊功能的离合器。陈列柜里展示的有只能传递单向转矩的滚柱式定向离合器、过载自行分离的滚珠安全离合器及控制速度的离心离合器等。

第14展柜　轴的分析与设计

轴是组成机器的主要零件之一，一切做回转运动的传动零件，都必须安装在轴上才能进行运动及动力传递。

轴的种类很多，这里展示有常见的光轴、阶梯轴、空心轴、直轴、曲轴及钢丝软轴。直轴按承受载荷性质的不同，可分为心轴、转轴和传动轴。心轴只承受弯矩；转轴既承受弯矩又承受扭矩；传动轴主要承受扭矩。

设计轴的结构时，必须考虑轴上零件的定位。这里介绍常用的零件定位方法。左起第一个模型，轴上齿轮靠轴肩轴向定位，用套筒压紧；滚动轴承靠套筒定位，用圆螺母压紧。齿轮用键作周向固定。第二个模型，轴上零件用紧定螺钉固定，适用于轴向力不大的情况。第三个模型，轴上零件利用弹簧挡圈定位，同样只适用于轴向力不大的情况。

第四个模型，轴上零件利用圆锥形轴端定位，用螺母压板压紧，这种方法只适用于轴端零件固定。

轴的结构设计是指定出轴的合理外形和全部结构尺寸。这里以圆柱齿轮减速器中输出轴的结构设计为例，介绍轴的结构设计过程。

左起第一个模型表示设计的第一步。这一步要确定齿轮、箱体内壁、轴承、联轴器等相对位置，并根据轴所传递的转矩，按抗扭强度初步计算出轴的直径，此轴径可作为安装联轴器处的最小直径。第二个模型，它表示设计的第二步，设计内容为确定各轴段的直径和长度。设计时以最小直径为基础，逐步确定安装轴承、齿轮处轴段直径。各轴段长度根据轴上零件宽度及相互位置确定。经过这一步，阶梯轴初具形态。往右看第三个模型，它表示设计的第三步，设计内容是解决轴上零件的固定，确定轴的全部结构形状和尺寸。由模型可见，齿轮靠轴环的轴肩作轴向定位，用套筒压紧。齿轮用键周向定位。联轴器处设计定位轴肩，采用轴端压板紧固，用键周向定位。各定位轴肩的高度根据结构需要确定，尤其要注意滚动轴承处的定位轴肩，其高度不应超过轴承内圈，以便于轴承拆卸。为减小轴在剖面突变处的应力集中，应设计过渡圆角。过渡圆角半径必须小于与之相配的零件倒角尺寸或圆角半径，以使零件得到可靠的定位。为便于安装，轴端应设计倒角。轴上的两个键槽设计在同一直线上，有利于加工。

针对不同的装配方案，可以得到不同的轴的结构形式。最右边的模型，就是另一种设计结果。

第15展柜　弹　　簧

弹簧是一种弹性元件，它具有多次重复地随外载荷的大小而作相应的弹性变形，卸载后又能立即恢复原状的特性。很多机械正是利用弹簧的这一特性来满足某些特殊要求的，陈列柜里展示的几个模型，便是弹簧应用的例子。

除圆柱螺旋弹簧外，还有其他类型的弹簧，如用作仪表机构的平面涡卷弹簧，只能承受轴向载荷但刚度很大的碟形弹簧及常用于各种车辆减振的板簧。

弹簧种类较多，但应用最多是圆柱螺旋弹簧。按照载荷的不同划分，它有拉伸弹簧、压缩弹簧和扭转弹簧三种基本类型。陈列柜里展示的有这些弹簧的结构形式及典型的工作图。

第16展柜　减　速　器

减速器是指原动机与工作机之间独立的闭式传动装置，用来降低转速和相应地增大转矩。

减速器的种类很多，陈列柜里展示的有单级圆柱齿轮减速器、二级展开式圆柱齿轮减速器、圆锥齿轮减速器、圆锥-圆柱齿轮减速器、蜗杆减速器和蜗杆-齿轮减速器的模型。

无论哪种减速器，都是由箱体、传动件和轴系零件及附件所组成的。

箱体用于承受和固定轴承部件并提供润滑密封条件。箱体一般用铸铁铸造，它必须有足够的刚度。通常剖分面与齿轮轴线所在平面相重合的箱体应用最广。

由于减速器在制造、装配及应用过程中的特点，减速器上还设置一系列的附件。例如，用来检查箱内传动件啮合情况和注入润滑油用的窥视孔及视孔盖，用来检查箱内油面高度是否符合要求的油标，更换污油的油塞，平衡箱体内外气压的通气器，保证剖分式箱体轴承座孔加工精度用的定位销，便于拆卸箱盖的起盖螺钉，便于拆装和搬运箱盖用的吊耳、吊环螺钉，用于整台减速器的起重吊钩，以及润滑用的油杯等。

第 17 展柜　润滑与密封

在摩擦面间加入润滑剂进行润滑，有利于减小摩擦、减轻磨损，保护零件不遭锈蚀，而且在采用循环润滑时可起到散热降温的作用。陈列柜里的是常用的润滑装置，如手工加油润滑用的压注油杯、旋套式注油油杯、手动式滴油油杯和油芯式油杯等，它们适用于使用润滑油分散润滑的机器。此外，还有用于润滑的直通式压注油杯和连续压注油杯。

机器的密封：机器设备密封性能的好坏，是衡量设备质量的重要指标之一。机器常用的密封装置可分为接触式与非接触式两种。陈列柜里的毡圈密封、皮碗密封、O 形橡胶圈密封，就属于接触式密封形式。接触式密封的特点是结构简单、价格低廉，但磨损较快、寿命短，适合于速度较低的场合。

非接触式密封适合于速度较高的场合，陈列柜里陈列的油沟密封槽密封和迷宫密封槽密封就属于非接触式密封方式。

密封装置中的密封件都已经标准化或规格化，陈列柜里有部分密封件实物，设计时应查阅有关标准选用。

第 18 展柜　小型机械结构设计实例

本柜展示了一些日常生活中常见的外形美观、使用简单、运用前面各柜相关知识的机械设计实例。为了便于了解这些机械的内部结构，可切割剖开或拆下机械的外壳。

这些小型机械都由动力装置、传动装置、工作器件和托架机座等部分组成，它们构成了一个能完成某种和多种特定功能的装置。这些机械设计巧妙、制作精细、使用方便，在人们的日常生活和工作中发挥了巨大的作用，降低了人们的劳动强度，提高了工作效率。

这些机械的动力装置绝大部分采用小型电动机带动，但家用压面机的动力装置也可采用手动。传动装置则根据工作器件的特点采用不同的方式，如木工电刨和粉碎机采用带传动方式，电动剪刀和角磨机采用蜗轮蜗杆传动方式，榨汁机、家用压面机和手电钻则采用齿轮传动方式。对于用在高速转动的场合中的机械，如雕刻机和手电钻，还应用轴承进行支承。同时，通过对各种机械内部结构的仔细观察，还可以了解轴的类型及零件在轴上的定位方法。

4. 现场教学方式及要求

1）现场教学方式以学生参观、自学并进行讨论、分析为主，指导教师辅导答疑为辅，因此是开放的教学形式，学生可利用课余时间到实验室参观。

2）按照机械零件陈列柜所展示的零部件顺序，由简单到复杂进行参观认知，在仔细观察分析的基础上，分组讨论各种机械零部件的结构、类型、特点及应用范围。

3）现场教学时间可根据课堂教学进程分不同阶段进行。例如，在讲绪论部分时来实验室参观，可选择涉及部分概念性的内容，建立宏观印象；而在讲课过程中来实验室参观，则可选择各章的相关内容；在复习时来实验室参观，则可以全面参观，巩固复习所学过的内容。

4）同样可按课堂教学的进度选择对应的思考题填写实验报告，在复习阶段最后完成填写。

5. 思考题

1）简述螺纹联接的基本类型及应用场合。

2）列举键、花键联结和销的联接方式及应用的优缺点。

3）列举 V 带、同步带、链、齿轮的应用实例及优缺点。

4）简述联轴器的类型与特点。它与离合器有何区别？

5）简述滑动轴承与滚动轴承的优缺点及应用场合。

6）列举常用类型滚动轴承的应用特点。

7）轴按承载不同可分为几类？轴按轴线形状不同分为几类？

8.2　机械设计现场认知实验报告

1. 实验目的

2. 实验设备

3. 回答问题

1）简述螺纹联接的基本类型及应用场合。

2）列举键、花键联结和销的联接方式及应用的优缺点。

3）列举V带、同步带、链、齿轮的应用实例及优缺点。

4）简述联轴器的类型与特点。它与离合器有何区别？

5）简述滑动轴承与滚动轴承的优缺点及应用场合。

6）列举常用类型滚动轴承的应用特点。

7）轴按承载不同可分为几类？轴按轴线形状不同分为几类？

4. 收获、体会和建议

通过机械设计现场认知实验后，你有何收获、体会和建议？

实验 9 带传动实验

9.1 带传动实验指导书

1. 实验目的

1）了解带传动实验台的结构和工作原理，掌握带传动转矩、转速的测量方法。

2）观察带传动中的弹性滑动和打滑现象，以及它们与带传递载荷之间的关系。

3）比较预紧力的大小对带传动承载能力的影响。

4）测定并绘制带传动的弹性滑动曲线和效率曲线，了解带传动所传递载荷与弹性滑动率及传动效率之间的关系。

2. 实验设备

（1）实验台的主要技术参数

带传动实验所用的实验设备为 PC-C 带传动效率测试分析实验台，其主要技术参数如下。

1）直流伺服电动机：功率 355W，调速范围 50～1500r/min，精度±1r/min。

2）预紧力最大值：34.3N。

3）转矩力测杆力臂长：$L_1 = L_2 = 120\,\text{mm}$（$L_1$、$L_2$ 为电动机转子轴心至力传感器中心的距离）。

4）测力杆刚度系数：$K_1 = K_2 = 0.24\,\text{N/格}$。

5）带轮直径：V 带轮 d_1=80mm，d_2=120mm。

6）压力传感器：精度 1%，量程 0～50N。

7）直流发电机：功率 355W，加载范围 0～320W（40W×8）。

8）外形尺寸：800mm×400mm×1000mm。

9）总质量：110kg。

（2）实验台结构及工作原理

PC-C 带传动效率测试分析实验台的主要结构如图 9-1 所示。

1）实验带 3 装在主动带轮和从动带轮上。主动带轮装在直流伺服电动机 4 的主轴前端，该电动机为特制的两端外壳由滚动轴承支承的直流伺服电动机，滚动轴承座固定在移动底板 1 上，整个电动机可相对两端滚动轴承座转动，移动底板 1 能相对机座 10 在水平方向滑移。从动带轮装在发电机 6 的主轴前端，该发电机为特制的两端外壳由滚动轴承支承的直流伺服发电机，滚动轴承座固定在机座 10 上，整个发电机也可相对两端滚动轴承座转动。

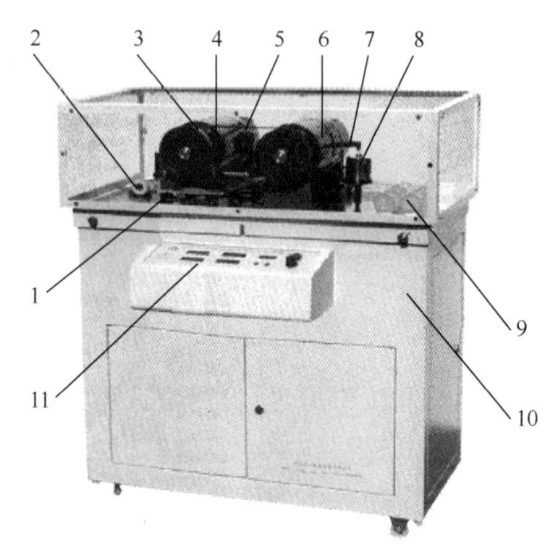

1—移动底板；2—砝码及砝码架；3—实验带；4—电动机；5—光电测速盘；6—发电机；
7—转矩测力杆；8—力传感器；9—负载灯泡组；10—机座；11—操纵面板。

图 9-1　PC-C 带传动效率测试分析实验台主要结构

2）砝码及砝码架 2 通过尼龙绳与移动底板 1 相连，用于张紧实验带。增加或减少砝码，即可增大或减少实验带的初拉力。

3）发电机 6 的输出电路中并联 8 个 40W 灯泡，组成实验台加载系统，该加载系统可用实验台面板上卸载按钮、加载按钮（图 9-2）进行手动控制并显示。

4）实验台面板布置如图 9-2 所示。

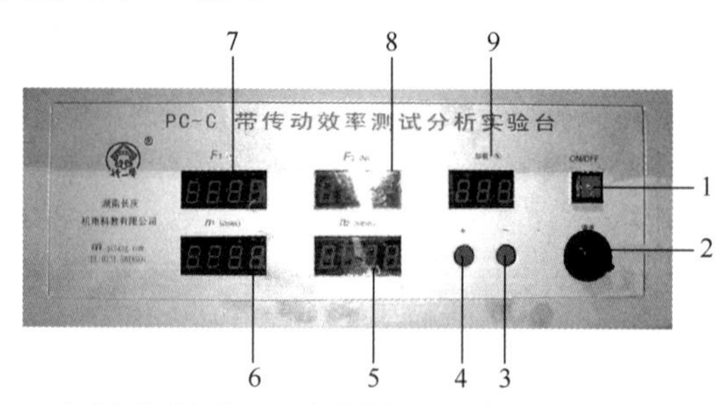

1—电源开关；2—电动机转速调节；3—卸载按钮；4—加载按钮；5—发电机转矩力显示；
6—电动机转矩力显示；7—电动机转速显示；8—发电机转速显示；9—加载显示。

图 9-2　实验台面板布置

5）主动带轮的驱动力矩 T_1 和从动带轮的负载转矩 T_2 均是通过测量电动机外壳的反力矩来测定的。当电动机 4 启动和发电机 6 加负载后，由于定子与转子间磁场的相互作

用，电动机的外壳（定子）将向转子回转的反向（逆时针）翻转，而发电机的外壳将向转子回转的同向（顺时针）翻转。两电动机外壳上均固定有转矩测力杆 7，把电动机外壳翻转时产生的转矩力传递给力传感器 8。主、从动带轮转矩力可直接在面板上的数码管窗口上读取。

主动带轮上的转矩

$$T_1 = Q_1 K_1 L_1 \quad (\mathrm{N \cdot m})$$

从动带轮上的转矩

$$T_2 = Q_2 K_2 L_2 \quad (\mathrm{N \cdot m})$$

式中，Q_1、Q_2——电动机转矩力（在面板窗口显示读取），N；

K_1、K_2——转矩力测杆刚性系数（本实验台 $K_1 = K_2 = 0.24\,\mathrm{N}/$格）；

L_1、L_2——力臂长，即电动机转子中心至力传感器轴心距离（本实验台 $L_1 = L_2 = 120\,\mathrm{mm}$）。

6）两电动机的主轴后端均装有光电测速转盘 5，转盘上有一小孔，转盘一侧固定有光电传感器，传感器侧头正对转盘小孔，主轴转动时，可在实验台面板窗口上直接读出主轴转速（带轮转速）。

7）弹性滑动率ε。主、从动带轮转速 n_1、n_2 可从实验台面板窗口上直接读出。由于带传动存在弹性滑动，因此 $v_2 < v_1$，其速度降低程度用弹性滑动率ε表示：

$$\varepsilon = \frac{v_1 - v_2}{v_1}\% = \frac{d_1 n_1 - d_2 n_2}{d_1 n_1}\%$$

当 $d_1 = d_2$ 时，

$$\varepsilon = \frac{n_1 - n_2}{n_1}\%$$

式中，d_1、d_2——主、从动带轮基准直径，mm；

v_1、v_2——主、从动带轮的圆周速度，m/s；

n_1、n_2——主、从动带轮的转速，r/min。

8）带传动的效率η。

$$\eta = \frac{P_2}{P_1} = \frac{T_2 n_2}{T_1 n_1}\%$$

式中，P_1、P_2——主、从动带轮上的功率，kW；

T_1、T_2——主、从动带轮上的转矩；

n_1、n_2——主、从动带轮的转速，r/min。

9）带传动的弹性滑动曲线和效率曲线。改变带传动的负载，则其 T_1、T_2、n_1、n_2 也都改变，这样就可算得一系列的ε、η 值，以 T_2 为横坐标，分别以ε、η为纵坐标，可绘制出弹性滑动曲线和效率曲线，如图 9-3 所示。

图 9-3 中横坐标上的 A_0 点为临界点，A_0 点以左为弹性滑动区，即带传动的正常工作区，在该区域内，随着载荷的增加，弹性滑动率ε和效率η逐渐增加；当载荷继续增加

到超过临界点 A_0 时，弹性滑动率 ε 急剧上升，效率 η 急剧下降，带传动进入打滑区段，不能正常工作，应当避免。

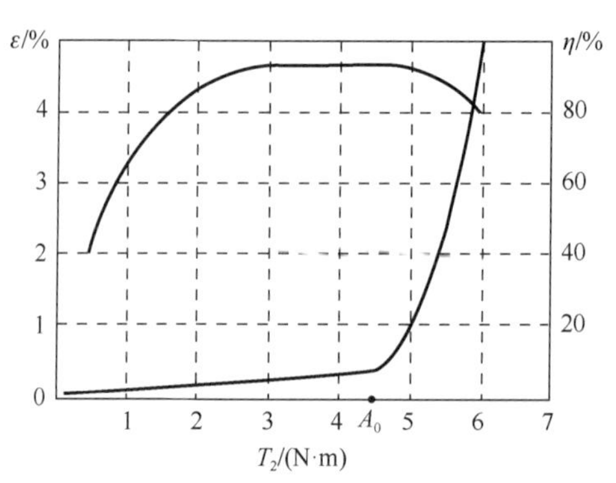

图 9-3　带传动弹性滑动曲线和效率曲线

3. 实验步骤

步骤 1　在实验台带轮上安装实验 V 带；将电动机转速调节旋钮调到止位；加砝码 3kg，使带具有预紧力；接通实验台电源，电源指示灯亮；调整测力杆，使其处于平衡状态。

步骤 2　按顺时针方向慢慢地旋转电动机转速调节旋钮，使电动机逐渐加速到 1000r/min 左右，待带传动运转平稳后（需数分钟），记录带轮转速 n_1 、n_2 和电动机转矩力 Q_1 、Q_2 一组数据。

步骤 3　在带传动实验面板上按加载按钮，每隔 5～10s，逐个打开灯泡（加载），逐组记录 n_1 、n_2 及 Q_1 、Q_2 ，注意 n_1 与 n_2 间的差值，在实验台上观察带传动的弹性滑动现象。

步骤 4　再按加载按钮，继续增加负载，直到 $\varepsilon \geqslant 3\%$，带传动进入打滑区；若继续增加负载，$n_1$ 与 n_2 之差迅速增大，带传动出现明显打滑现象。同时，在实验台上观察带传动的打滑现象。

步骤 5　按面板上的卸载按钮，关闭全部灯泡，将转速调节旋钮调到止位，将砝码减到 2kg，再重复步骤 2～步骤 4。

步骤 6　按面板上的卸载按钮，关闭全部灯泡；将转速调节旋钮调到止位，关闭实验台电源，取下砝码，结束实验。

步骤 7　整理实验数据。根据已经测得的数据，按要求手工绘制带传动弹性滑动曲线和效率曲线。

4. 注意事项

1）实验前应反复推动移动底板，使其运动灵活。

2）带及带轮应保持清洁，不得沾油。如果不清洁，可用汽油或酒精清洗，再用干抹布擦干。

3）在启动实验台电源开关之前，必须做到以下三点：

① 将面板上转速调节旋钮逆时针旋到止位，以避免电动机突然高速运动产生的冲击损坏传感器；

② 应在砝码架上加上一定的砝码，使带张紧；

③ 应卸去发电机所有的负载。

4）实验时，先将电动机转速逐渐调至 1000r/min，稳定运转几分钟，使带的传动性能稳定。

5）采集数据时，一定要等转速窗口数据稳定后进行，两次采集间隔为 5～10s。

6）当带加载至打滑后，运转时间不能过长，以防带过度磨损。

7）实验台工作条件如下。

电源：电压 220×（1±10%）V。

频率：交流 50Hz。

环境温度：0～40℃。

相对湿度：≤80%。

其他：工作场所无强烈电磁干扰和腐蚀气体。

5. 思考题

1）带传动的弹性滑动和打滑有何不同？产生的原因是什么?各有何后果?

2）比较不同预紧力作用下，带的弹性滑动曲线及效率曲线的不同之处。

3）比较两种不同预紧力作用下 V 带传动的承载能力，说明原因。

9.2　带传动实验报告

1. 实验目的

2. 实验设备

3. 带传动实验参数

1）带的种类（V 带、圆带）。
2）预紧力：$2F_{o1}=$　　N；$2F_{o2}=$　　N。
3）带轮基准直径：$d_1=$　　mm；$d_2=$　　mm。
4）测力杆力臂长：$L_1=L_2=$　　mm。
5）测力杆刚性系数：$K_1=K_2=$　　N/格。

4. 实验数据记录与计算

第一次预紧：预紧力 $2F_{o1}=$　　N

序号	实验参数								
	n_1/(r/min)	n_2/(r/min)	Δn/(r/min)	F_1/N	F_2/N	ε/%	T_1/(N·m)	T_2/(N·m)	η/%
1									
2									
3									
4									
5									
6									
7									
8									

第二次预紧：预紧力 $2F_{o2}=$　　N

序号	实验参数								
	n_1/(r/min)	n_2/(r/min)	Δn/(r/min)	F_1/N	F_2/N	ε/%	T_1/(N·m)	T_2/(N·m)	η/%
1									
2									
3									
4									
5									
6									
7									
8									

5. 绘制弹性滑动曲线和效率曲线

第一次预紧：预紧力 $2F_{o1}$ =　　　　N
以ε为纵坐标，T_2 为横坐标，绘制弹性滑动曲线；以η为纵坐标，T_2 为横坐标，绘制传动效率曲线

第二次预紧：预紧力 $2F_{o2}$ =　　　　N
以ε为纵坐标，T_2 为横坐标，绘制弹性滑动曲线；以η为纵坐标，T_2 为横坐标，绘制传动效率曲线

实验 10 液体动压滑动轴承实验

10.1 液体动压滑动轴承实验指导书

1. 实验目的

1）观察滑动轴承的动压油膜形成过程与现象。

2）通过实验，绘出滑动轴承的特性曲线。

3）了解摩擦系数、转速等数据的测量方法。

4）通过实验数据处理，绘制出滑动轴承径向油膜压力分布曲线与承载量曲线。

2. 实验系统组成

（1）实验系统组成

ZCS-Ⅰ液体动压滑动轴承实验台可用于机械设计中液体动压滑动轴承实验，主要用来观察滑动轴承的结构，测量径向油膜压力分布，测定摩擦特性曲线等。

滑动轴承实验系统框图如图 10-1 所示，它由以下设备组成。

1）ZCS-Ⅰ液体动压滑动轴承实验台为轴承实验台的机械结构。

2）油压表共 7 个，用于测量轴瓦上径向油膜压力分布值。

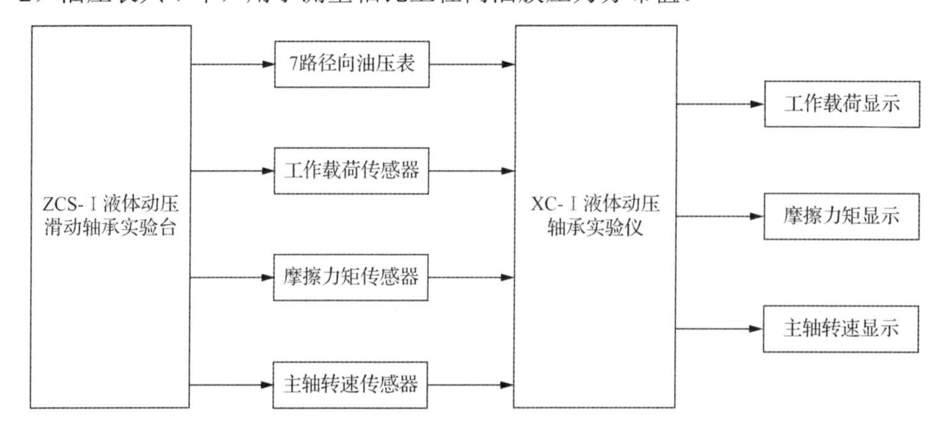

图 10-1 滑动轴承实验系统框图

3）工作载荷传感器为应变力传感器，用于测量外加载荷值。

4）摩擦力矩传感器为应变力传感器，用于测量在油膜黏力作用下轴与轴瓦间产生的摩擦力矩。

5）转速传感器为霍尔磁电式传感器，用于测量主轴转速。

6）XC- Ⅰ液体动压轴承实验仪以单片微机为主体，完成对工作载荷传感器、摩擦力矩传感器及转速传感器的信号采集、处理并将处理结果由 LED 显示出来。

（2）轴承实验台结构特点

实验台结构如图 10-2 所示。该实验台主轴 7 由两个高精度的单列深沟球轴承支承。直流电动机 1 通过 V 带 2 带动主轴 7 顺时针转动，主轴上装有精密加工的轴瓦 5，由装在底座 10 上的调速旋钮 12 实现主轴的无级变速，轴的转速由装在实验台上的霍尔转速传感器测出并显示。

主轴瓦 5 外圆被加载装置（未画）压住，旋转加载杠杆 8 即可方便地对轴瓦进行加载，加载力的大小由工作载荷传感器 6 测出并在测试仪面板上显示。

主轴瓦上还装有测力杆，在主轴回转过程中，主轴与主轴瓦之间的摩擦力矩由摩擦力矩传感器 3 测出并在测试仪面板上显示，由此可算出摩擦系数。

主轴瓦前端装有 7 只测径向压力的油压表 4，油的进口在轴瓦的二分之一处。通过油压表可读出轴与轴瓦之间径向平面内相应点的油膜压力，由此可绘制出径向油膜压力分布曲线。

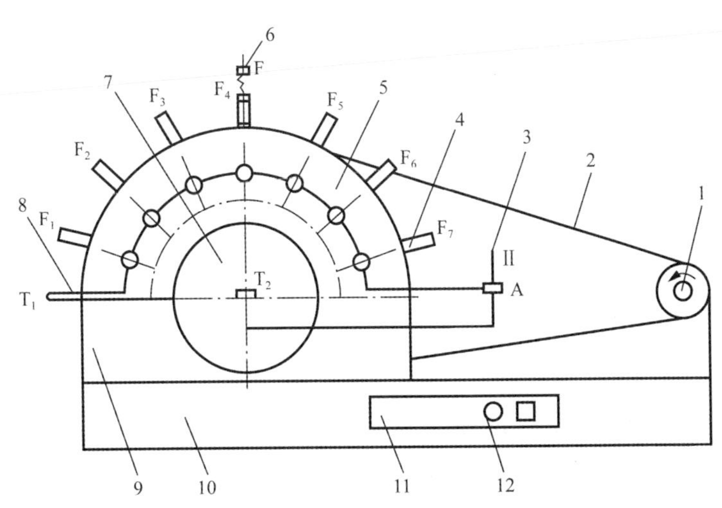

1—直流电动机；2—V 带；3—摩擦力矩传感器；4—油压表；5—轴瓦；6—工作载荷传感器；
7—主轴；8—加载杠杆；9—油槽；10—底座；11—面板；12—调速旋钮。

图 10-2　实验台结构

（3）液体动压轴承实验仪

如图 10-3 所示，实验仪操作部分主要集中在仪器正面的面板上；在实验仪的后面板（图 10-4）上设有摩擦力矩输入接口、载荷输入接口、转速传感器输入接口等。

实验仪箱体内设有单片机，具有承载检测、数据处理、信息记忆、自动数字显示等功能。

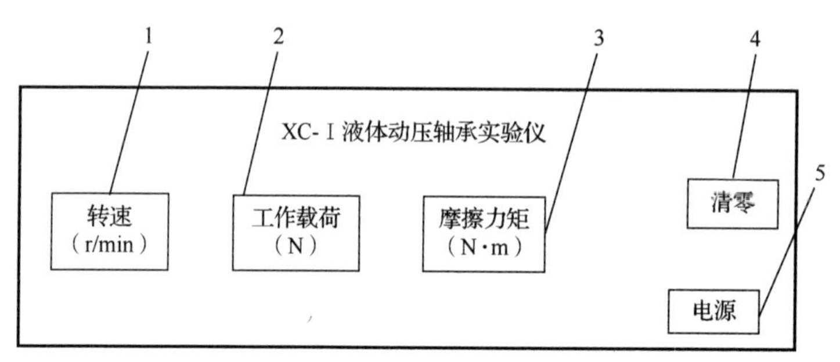

1—转速显示；2—工作载荷显示；3—摩擦力矩显示；4—摩擦力矩清零；5—电源开关。

图 10-3　XC-Ⅰ液体动压轴承实验仪正面板

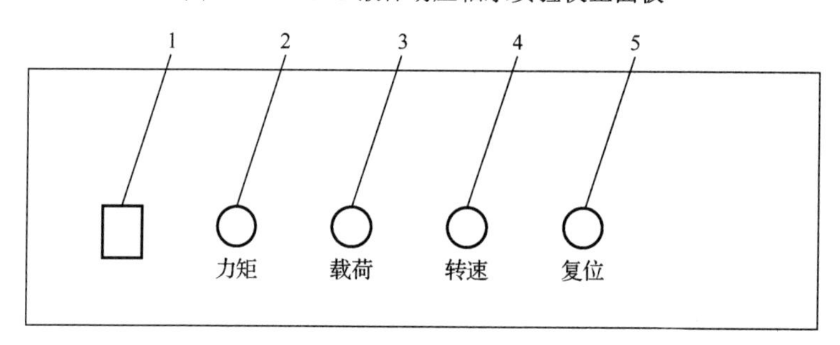

1—电源座；2—摩擦力矩传感器输入接口；3—工作载荷传感器输入接口；
4—转速传感器输入接口；5—工作载荷传感器复位按钮。

图 10-4　XC-Ⅰ液体动压轴承实验仪后面板

（4）实验系统主要技术参数

1）实验轴瓦：内径 d=70mm，长度 L=125mm。

2）加载范围：0～1800N。

3）摩擦力矩传感器量程：0～50N·m。

4）压力传感器量程：0～1.0MPa。

5）工作载荷传感器量程：0～2000N。

6）直流电动机功率：355W。

7）主轴调速范围：2～500r/min。

3. 实验原理及测试内容

（1）实验原理

滑动轴承形成动压润滑油膜的过程如图 10-5 所示。当轴静止时，轴承孔与轴颈直

接接触，如图 10-5（a）所示。径向间隙 Δ 使轴颈与轴承的配合面之间形成楔形间隙，其间充满润滑油。由于润滑油具有黏性而附着于零件表面，因此当轴颈回转时，靠附着在轴颈上的油层带动润滑油挤入楔形间隙。因为通过楔形间隙的润滑油质量不变（流体连续运动原理），而楔形中的间隙截面逐渐变小，润滑油分子间相互挤压，所以油层中必然产生流体动压力，它力图挤开配合面，达到支承外载荷的目的。当各种参数协调时，流体动压力能保证轴的中心与轴瓦中心有一偏心距 e，如图 10-5（b）所示。最小油膜厚度 h_{min} 存在于轴颈与轴承孔的中心连线上，流体动压力的分布如图 10-5（c）所示。

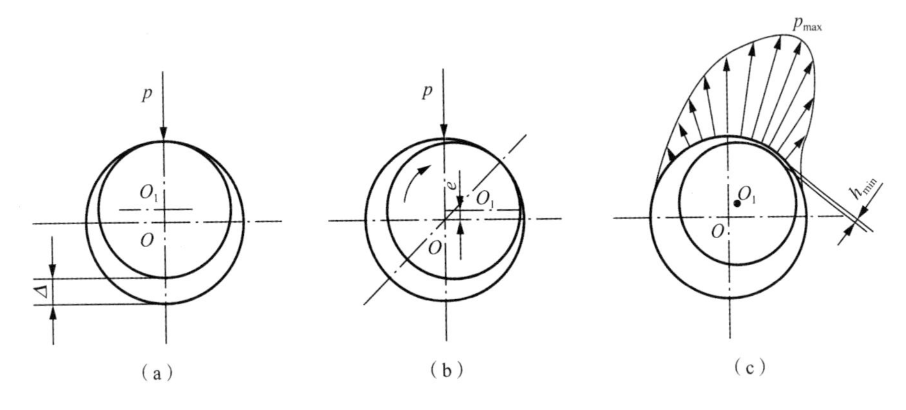

图 10-5　液体动压润滑油膜形成的过程

液体动压润滑能否建立，通常用 f-λ 曲线来判断。图 10-6 中 f 为轴颈与轴承之间的摩擦系数，λ 为轴承特性系数，它与轴的转速 n、润滑油动力黏度 η、润滑油压强 p 之间的关系为

$$\lambda = \eta n / p$$

式中，n——轴的转速，r/min；

η——润滑油动力黏度；

p——润滑油压强，N/mm^2。$p = \dfrac{F_r}{l_1 d}$，其中，F_r 是轴承承受的径向载荷；d 是轴承的孔径，本实验中 d=70mm；l_1 是轴承的有效工作长度，本实验中 $l_1 = 125\,\text{mm}$。

如图 10-6 所示，当轴颈开始转动时，速度极低，这时轴颈和轴承主要是金属相接触，产生的摩擦为金属间的直接摩擦，摩擦阻力最大。随着转速的增大，轴颈表面的圆周速度增大，带入楔形间隙内的油量也逐渐增多，则金属接触面被润滑油分开的面积也逐渐加大，摩擦阻力也就逐渐减小。

当速度增加到一定大小之后，足够的油量把金属接触面完全分开，油层内的压力已

建立到能支承轴颈上外载荷的程度，轴承就开始按照液体摩擦状态工作。此时，由于轴承内的摩擦阻力仅为液体的内阻力，因此摩擦系数达到最小值，如图 10-6 所示摩擦特性曲线上的 A 点。

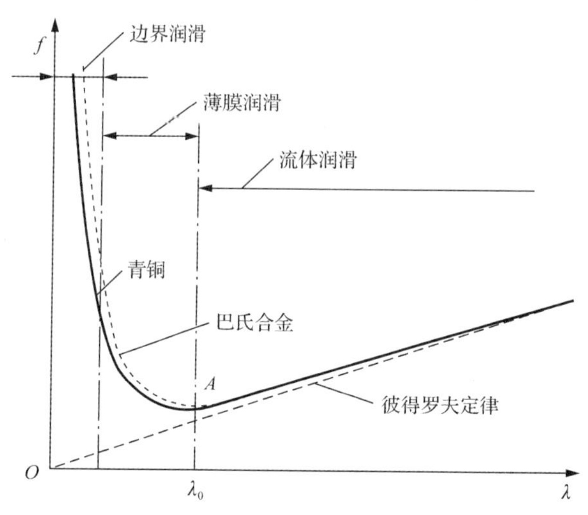

图 10-6　摩擦特性曲线

当轴颈转速进一步加大时，轴颈表面的速度进一步增大，使油层间的相对速度增大，故液体的内摩擦也就增大，轴承的摩擦系数也随之上升。

特性曲线上的 A 点，是轴承由混合润滑向流体润滑转变的临界点。此点处轴承的摩擦系数最小，与它相对应的轴承特性系数称为临界特性系数，用 λ_0 表示。A 点右侧，即 $\lambda > \lambda_0$ 区域，轴承为流体润滑状态；A 点左侧，即 $\lambda < \lambda_0$ 区域，轴承为混合润滑状态。

根据不同条件所测得的 f 和 λ 的值，可以作出 f-λ 曲线，用以判断轴承的润滑状态及能否实现在流体润滑状态下工作。

（2）油膜压力测试实验

1）理论计算压力。图 10-7 所示为径向滑动轴承的油膜压力分布。

根据流体动力润滑的雷诺方程，从油膜起始角 φ_1 到任意角 φ 的压力为

$$p_\varphi = 6\eta \frac{\omega}{\psi^2} \int_{\varphi_1}^{\varphi} \frac{\chi(\cos\varphi - \cos\varphi_0)}{(1+\chi\cos\varphi)^3} \mathrm{d}\varphi \qquad (10\text{-}1)$$

式中，p_φ——任意位置的压力，Pa；

η——油膜动力黏度；

ω——主轴转速，rad/s；

ψ——相对间隙，$\psi = \dfrac{D-d}{d}$，其中 D 为轴承孔直径，d 为轴颈直径；

φ——油压任意角，（°）；

φ_0——最大压力处极角，（°）；

φ_1——油膜起始角，（°）；

χ——偏心率，$\chi = \dfrac{2e}{D-d}$，其中 e 为偏心距。

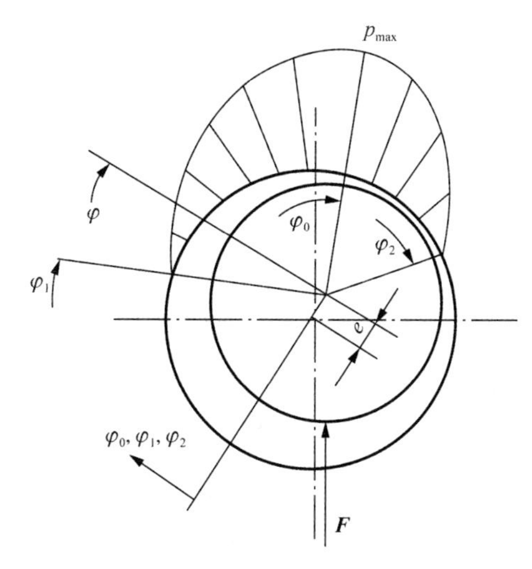

图 10-7 径向滑动轴承的油膜压力分布

在雷诺公式中，油膜起始角 φ_1、最大压力处极角 φ_0 由实验台实验测试得到。另一变化参数偏心率 χ 的变化情况，可查表 10-1 得到，具体方法如下。

对有限宽轴承，油膜的总承载能力为

$$F = \frac{\eta\omega dB}{\psi^2}C_p \tag{10-2}$$

式中，F——承载能力，即外加载荷，N；

B——轴承宽度，mm；

C_p——承载量系数，见表 10-1。

由式（10-2）可推出

$$C_p = \frac{F\psi^2}{\eta\omega dB} \tag{10-3}$$

由式（10-3）计算得到承载量系数 C_p 后，再查表 10-1 可得到在不同转速、不同外加载荷下的偏心率情况。若所查的参数系数超出了表 10-1 中所列的范围，则可用插入值法进行推算。

表 10-1　有限宽轴承的承载量系数 C_p

	χ											
B/d	0.3	0.4	0.5	0.6	0.65	0.7	0.75	0.8	0.85	0.9	0.95	0.99
	承载量系数 C_p											
0.3	0.052 2	0.082 6	0.128	0.203	0.259	0.347	0.475	0.699	1.122	2.074	5.73	50.52
0.4	0.089 3	0.141	0.216	0.339	0.431	0.573	0.776	1.079	1.775	3.195	8.393	65.26
0.5	0.133	0.209	0.317	0.493	0.622	0.819	1.098	1.572	2.428	4.216	10.706	75.86
0.6	0.182	0.283	0.427	0.655	0.819	1.07	1.418	2.001	3.306	5.214	12.64	83.21
0.7	0.234	0.361	0.538	0.816	1.014	1.312	1.72	2.399	3.58	6.029	14.14	88.9
0.8	0.287	0.439	0.647	0.972	1.199	1.538	1.965	2.754	4.053	6.721	15.37	92.89
0.9	0.339	0.515	0.754	1.118	1.371	1.745	2.248	3.067	4.459	7.294	16.37	96.35
1.0	0.391	0.589	0.853	1.253	1.528	1.929	2.469	3.372	4.808	7.772	17.18	98.95
1.1	0.44	0.658	0.947	1.377	1.669	2.097	2.664	3.58	5.106	8.816	17.86	101.15
1.2	0.487	0.732	1.033	1.489	1.796	2.247	2.838	3.787	5.364	8.533	18.43	102.9
1.3	0.529	0.784	1.111	1.59	1.912	2.379	2.99	3.968	5.586	8.831	18.91	104.42
1.5	0.61	0.891	1.248	1.763	2.099	2.6	3.242	4.266	5.947	9.304	19.68	106.84
2.0	0.763	1.091	1.483	2.07	2.466	2.981	3.671	4.778	6.545	10.091	20.97	110.79

2）实际测量压力。如图 10-2 所示，启动电动机，控制主轴转速并施加一定的工作载荷，运转一定时间后轴承中形成压力油膜。图中 F_1、F_2、F_3、F_4、F_5、F_6、F_7 为 7 个油压表，用于测量并显示轴瓦表面每隔 22° 角处的 7 点油膜压力值。

根据测出的各点实际压力值，按一定比例绘制出油压分布曲线，作出油膜实际压力分布曲线与理论分布曲线，比较两者间的差异。

（3）摩擦特性实验

1）理论摩擦系数。理论摩擦系数公式为

$$f=\frac{\pi}{\psi}\frac{\eta\omega}{p}+0.55\psi\varepsilon \tag{10-4}$$

式中：f——摩擦系数；

ψ——相对间隙，$\psi=\dfrac{D-d}{d}$；

η——油膜动力黏度；

ω——主轴转速，rad/s；

p——轴承平均压力，$p=\dfrac{F}{dB}$，Pa；

ε——随轴承宽径比的变化而变化的系数，当 $B/d<1$ 时，$\varepsilon=(d/B)^{\frac{3}{2}}$；当 $B/d\geqslant 1$ 时，$\varepsilon=1$。

由式（10-4）可知，理论摩擦系数 f 的大小与油膜动力黏度 η、转速 ω 和平均压力 p（也即外加载荷 F）有关。在使用同一种润滑油的前提下，动力黏度 η 的变化与油膜温度有关，由于在不是长时间工作的情况下，油膜温度变化不大，因此在本实验系统中暂时不考虑黏度因素。

2）测量摩擦系数。如图 10-2 所示，在轴瓦中心引出一测力杆，压在摩擦力矩传感器 3 上，用以测量轴承工作时的摩擦力矩，进而换算得到摩擦系数值。对它们的分析如图 10-8 所示。

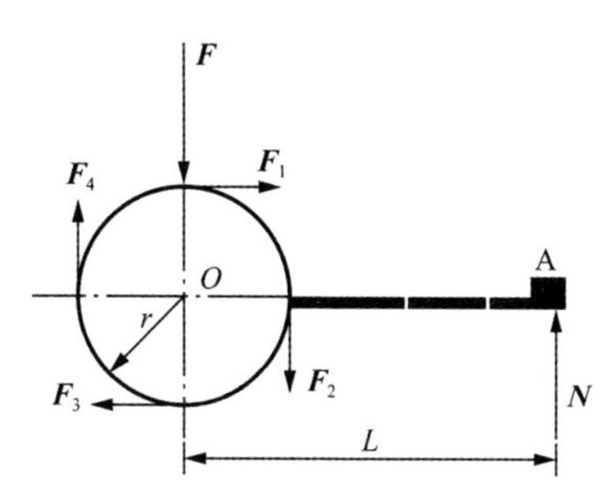

图 10-8　轴颈圆周表面摩擦力分析

$$\sum \boldsymbol{F}_i \times r = \boldsymbol{N}L \tag{10-5}$$

$$\sum \boldsymbol{F}_i = f\boldsymbol{F} \tag{10-6}$$

式中，$\sum \boldsymbol{F}_i$——圆周上各切点摩擦力之和，$\sum \boldsymbol{F}_i = \boldsymbol{F}_1 + \boldsymbol{F}_2 + \boldsymbol{F}_3 + \boldsymbol{F}_4 + \cdots$；

r——圆周半径；

$\boldsymbol{N}$——压力传感器测得的力；

L——力臂；

$\boldsymbol{F}$——外加载荷力；

f——摩擦系数。

实测摩擦系数为

$$f = \frac{\boldsymbol{N}L}{\boldsymbol{F}r} \tag{10-7}$$

（4）轴承实验中其他重要的参数

在轴承实验中还有一些比较重要的参数，下面分别进行介绍。

1）轴承的平均压力 p（MPa）为

$$p = \frac{F}{d \times B} \leqslant [p] \tag{10-8}$$

式中，F——外加载荷力，N；

B——轴承宽度，mm；

d——轴颈直径，mm；

$[p]$——轴瓦材料的许用压力，MPa，其值可查表获得。

2）轴承 pv 值（MPa·m/s）。轴承的发热量与其单位面积上的摩擦功耗 fpv 成正比（f 是摩擦系数），限制 pv 值就是限制轴承的温升。

$$pv=\frac{F}{Bd}\times\frac{\pi dn}{60\times 1000}=\frac{Fn}{19100B}\leqslant[pv] \tag{10-9}$$

式中，v——轴颈圆周速度，m/s；

$[pv]$——轴承材料 pv 的许用值，MPa·m/s，其值可查表获得。

3）最小油膜厚度为

$$h_{\min}=r\psi(1-\chi) \tag{10-10}$$

4. 实验操作步骤

（1）系统连接及接通电源

轴承实验台在接通电源前，应先将电动机调速旋钮逆时针转至“0 速”位置。将摩擦力矩传感器信号输出线、转速传感器信号输出线分别接入实验仪对应接口。

松开实验台上的螺旋加载杆，打开实验台及实验仪的电源开关，接通电源。

（2）载荷及摩擦力矩调零

保持电动机不转，松开实验台上的螺旋加载杆，在工作载荷传感器不受力的状态下按一下实验仪后面板上的复位按钮。此时单片机系统对工作载荷传感器采样，并将此值作为“零点”保存，实验台面板上工作载荷显示为零。

按一下实验仪正面板上的清零键，可完成对摩擦力矩清零，此时实验仪面板上摩擦力矩显示为零。

（3）记录各压力表的压力值

步骤 1　在松开螺旋加载杆的状态下，启动电动机并慢慢将主轴转速调整到 300r/min 左右。

步骤 2　慢慢转动螺旋加载杆，同时观察实验仪面板上的工作载荷显示窗口，一般应加至 1800N。

步骤 3　待各压力表的压力值稳定后，由左至右依次记录各压力表的压力值。

（4）摩擦系数 f 的测量

当实验台运行平稳，各压力表的压力值稳定后，从实验仪面板摩擦力矩显示窗口中读取摩擦力矩值，按前述摩擦特性实验原理，计算得到摩擦系数 f。

（5）关机

待实验数据记录完毕后，先松开螺旋加载杆，并旋动调速旋钮使电机转速为零，关闭实验台及实验仪电源。

（6）绘制径向油膜压力分布曲线与承载量曲线

根据测出的各压力值，按一定比例绘制出油膜压力分布曲线与承载量曲线，如图 10-9 所示。此图的具体画法如下：沿着圆周表面从左到右分别画出角度为 24°、46°、

68°、90°、112°、134°、156°，等分得出油孔点 1、2、3、4、5、6、7 的位置。通过这些点与圆心 O 连线，在各连线的延长线上将压力表测出的压力值，按 0.1MPa∶5mm 的比例画出压力向量 1-1′、2-2′、3-3′、…、7-7′。将 1′、2′、3′、…、7′ 各点连成光滑曲线，此曲线就是所测轴承的一个径向截面的油膜压力分布曲线。

为了确定轴承的承载量，首先用 $p_i \sin\varphi_i$（i=1、2、…、7）求出压力分布向量 1-1′、2-2′、3-3′、…、7-7′ 在载荷方向（即 y 轴）上的投影值，然后将 $P_i \sin\varphi_i$ 这些平行于 y 轴的向量移到直径 0-8 上。为清楚起见，将直径 0-8 向下平移，在直径 0-8 上先画出轴承表面油孔位置 1、2、3、…、7 的投影点，之后通过这些点画出上述相应各点压力在载荷方向上的分量，即 1″、2″、3″、…、7″ 点的位置，将各点平滑连接起来，所形成的曲线即在载荷方向上的压力分布曲线。

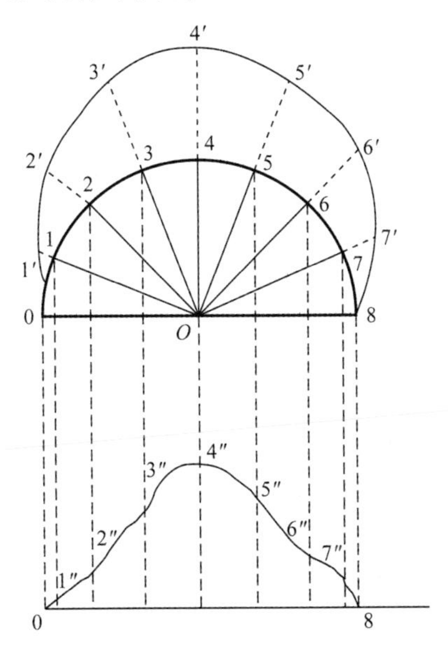

图 10-9　油膜压力分布曲线与承载量曲线

5. 注意事项

在开机做实验之前必须完成以下几项操作，否则容易影响设备的使用寿命和精度。

1）在启动电动机转动之前，确认载荷为空，即要求先启动电动机再加载。

2）在一次实验结束后马上又要重新开始实验时，顺时针旋动轴瓦上端的螺钉，顶起轴瓦，将油膜先放干净，同时在软件中要重新复位，这样才能确保下次实验数据准确。

3）由于油膜形成需要一小段时间，所以当开机实验时或在载荷或转速变化后，待其稳定后（一般等待 5～10s 即可）再采集数据。

4）在长期使用设备做实验的过程中确保实验油的足量、清洁；油量不足或不干净都会影响实验数据的精度，并且会造成油压表堵塞等问题。

6. 思考题

1）为什么油膜压力分布曲线会随转速的改变而改变？
2）为什么摩擦系数会随转速的改变而改变？
3）哪些因素会引起滑动轴承摩擦系数测定的误差？

10.2 液体动压滑动轴承实验报告

1. 实验目的

2. 实验机构及测试原理图

3. 实验步骤

4. 数据和曲线

1）实验数据记录。

滑动轴承压力分布

载荷/N	转速/（r/min）	压力表号							
		1	2	3	4	5	6	7	8
F_{r1}	n_1								
	n_2								
F_{r2}	n_1								
	n_2								

滑动轴承摩擦系数（转速固定，载荷变化）

转速 $n=$　　　r/min。

序号	载荷/N	摩擦力矩/（N·m）	摩擦系数 f	$\eta n/p$
1				
2				
3				
4				
5				
6				
7				

滑动轴承摩擦系数（载荷固定，转速变化）

载荷 $F=$　　　N。

序号	转速/（r/min）	摩擦力矩/（N·m）	摩擦系数 f	$\eta n/p$
1				
2				
3				
4				
5				
6				
7				

2）实验结果曲线。

油膜压力分布曲线与承载量曲线

滑动轴承摩擦特性曲线（转速固定，载荷变化）

滑动轴承摩擦特性曲线（载荷固定，转速变化）

5. 实验结果分析

实验 11 轴系结构分析与组装实验

11.1 轴系结构分析与组装实验指导书

1. 实验目的

1）熟悉并掌握轴、轴上零件的结构形状及功用、工艺要求和装配关系。
2）熟悉并掌握轴及轴上零件的定位与固定方法，为轴系结构设计提供感性认识。
3）了解轴承的类型、布置、安装及调整方法，以及润滑和密封方式。
4）掌握轴承组合设计的基本方法，综合创新轴系结构设计方案。

2. 实验设备和工具

1）组合式轴系结构设计与分析实验箱。箱内提供可组成圆柱齿轮轴系、小圆锥齿轮轴系和蜗杆轴系三类轴系结构模型的成套零件并进行模块化轴段设计，可组装不同结构的轴系部件。

2）实验箱按照组合设计法，采用较少的零部件，可以组合出尽可能多的轴系部件，以满足实验的要求。实验箱内有齿轮类、轴类、套筒类、端盖类、支座类、轴承类及连接件类等 8 类，其零件明细见表 11-1。

注意：每箱零件只能单独装箱存放，不得与其他箱内零件混在一起，以免影响下次实验。

表 11-1 创意组合式轴系结构设计分析实验箱零件明细

序号	零件名称	数量	序号	零件名称	数量
1	直齿轮轴用支座（油用）	2 件	10	小直齿轮	1 件
2	直齿轮轴用支座（脂用）	2 件	11	小斜齿轮	1 件
3	蜗杆轴用支座	1 件	12	小锥齿轮	1 件
4	锥齿轮轴用支座	1 件	13	大直齿轮用轴	1 件
5	锥齿轮轴用套环	2 件	14	小直齿轮用轴	1 件
6	蜗杆用套环	1 件	15	两端固定用蜗杆	1 件
7	组装底座	2 件	16	固游式用蜗杆	1 件
8	大直齿轮	1 件	17	锥齿轮用轴	1 件
9	大斜齿轮	1 件	18	锥齿轮轴	1 件

续表

序号	零件名称	数量	序号	零件名称	数量
19	大凸缘式透盖	1件	40	骨架油封	2件
20	大凸缘式闷盖	1件	41	轴用弹性卡环ϕ30	1件
21	凸缘式透盖（脂用）	1件	42	无骨架油封	1件
22	凸缘式闷盖（脂用）	1件	43	M8×15	4件
23	凸缘式透盖（油用）	4件	44	M8×25	6件
24	凸缘式闷盖（油用）	1件	45	M6×25	10件
25	凸缘式透盖（迷宫）	1件	46	M8×35	4件
26	迷宫式轴套	1件	47	M4×10	4件
27	嵌入式透盖	2件	48	ϕ6 垫圈	10件
28	嵌入式闷盖	1件	49	ϕ4 垫圈	4件
29	联轴器 A	1件	50	挡油环	4件
30	联轴器 B	1件	51	甩油环	6件
31	无骨架油封压袋	1件	52	调整环	2件
32	轴承 6206	2件	53	套筒	24件
33	轴承 30206	2件	54	调整垫片	16件
34	轴承 N206	2件	55	轴端压板	4件
35	轴承 7206AC	2件	56	羊毛毡圈ϕ30	2件
36	键 8×35	4件	57	挡圈钳	1件
37	键 6×20	4件	58	3 寸螺钉旋具	1把
38	圆螺母 M30×1.5	2件	59	10×12 双头扳手	1把
39	圆螺母止动圈ϕ30	2件	60	14×12 双头扳手	1把

3）测量及绘图工具，主要有 300mm 钢直尺、游标卡尺、内外卡钳、铅笔、三角板等。

3. 实验原理

轴是组成机器的主要零件之一，一切做回转运动的传动零件，都必须安装在轴上才能进行运动及动力的传递。轴各部分的名称、位置、尺寸要求及作用如下：轴颈是轴上与轴承配合的部分；轴头是轴上装轮毂的部分；轴身是连接轴头与轴颈的部分。轴颈直径与轴承内径、轴头直径与相配合零件的轮毂内径一致，而且为标准值。为便于装配，轴颈和轴头的端部均应有倒角。用作零件轴向固定的台阶部分称为轴肩，环形部分称为轴环。轴上螺纹或花键部分的直径应符合螺纹或花键的标准。轴系结构示意图如图 11-1 所示。

（1）轴系的基本组成

轴系是由轴、轴承、传动件、机座及其他辅助零件组成的，以轴为中心的相互关联的结构系统。传动件是指带轮、链轮、齿轮和其他做回转运动的零件。辅助零件是指键、轴承端盖、调整垫片和密封圈等零件。

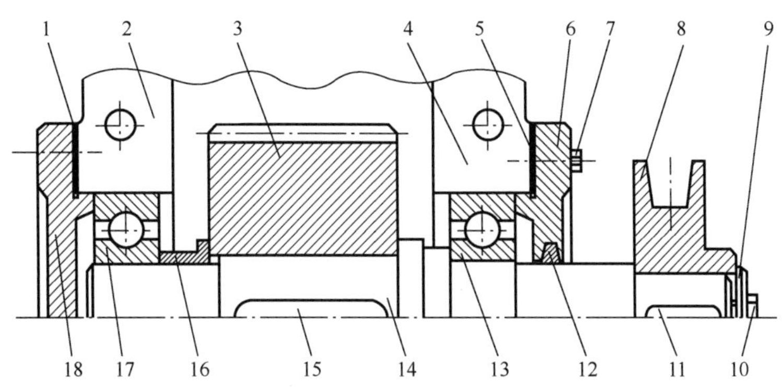

1、5—调整垫片；2、4—轴承座；3—齿轮；6、18—凸缘式轴承端盖；7—螺钉 A；
8—带轮；9—轴端挡圈；10—螺钉 B；11—平键 A；12—毛毡圈；
13、17—轴承；14—轴；15—平键 B；16—阶梯套筒。

图 11-1　轴系结构示意图

（2）轴系零件的功用

轴用于支承传动件并传递运动和转矩，轴承用于支承轴，机座用于支承轴承，辅助零件起连接、定位、调整和密封等作用。

（3）轴系结构应满足的要求

1）定位和固定要求：轴和轴上零件要有准确、可靠的工作位置。

2）强度要求：轴系零件应具有较高的承载能力。

3）热胀冷缩要求：轴的支承应能适应轴系的温度变化。

4）工艺性要求：轴系零件要便于制造、装拆、调整和维护。

由于轴系结构设计的加工工艺、装配工艺方面的问题较多，实践性强，而学生在进入机械设计课程学习阶段还没有独立进行机械设计的经验，因此通过实验，学生可以熟练掌握轴的结构设计和轴承组合设计的基本要求，加深对课堂上所学知识的理解和记忆，提高工程实践能力，为后面的机械设计课程设计综合训练打好基础并培养创新意识和结构创新设计能力。

4. 实验内容

1）指导教师根据教学要求给每组学生指定实验内容（圆柱齿轮轴系、小圆锥齿轮轴系或蜗杆轴系等）。

2）熟悉实验箱内的全套零部件，根据给定的轴系结构装配图，选择相应的零部件进行轴系结构模型的组装。

3）分析轴系结构模型的装拆顺序，传动件的周向和轴向定位方法，轴承的类型、支承形式、间隙调整、润滑和密封方式。

4）通过分析并测绘轴系部件，根据装配关系和结构特点画出轴系结构装配示意图。

5. 实验步骤

步骤1 明确实验内容及要求，复习轴的结构设计及轴承组合设计等内容。

步骤2 每组学生使用一个实验箱，根据给出的轴系结构装配图之一，构思轴系结构装配方案。

步骤3 在实验箱内选取所需要的零部件，进行轴系结构模型的组装。

步骤4 分析总结轴系结构模型的装拆顺序，传动件的周向和轴向定位方法，轴承的类型、支承形式、间隙调整、润滑和密封方式。

步骤5 通过分析并测绘轴系部件，根据装配关系和结构特点画出轴系结构装配示意图。

步骤6 使装配轴系部件恢复原状，整理所用的零部件和工具，放入实验箱内规定位置，经指导教师检查后可以结束实验。

步骤7 根据实验过程及要求，每个学生写出一份实验报告。

图 11-2～图 11-8 所示为用实验箱内零件组合的典型轴系结构图示例（未注尺寸）。

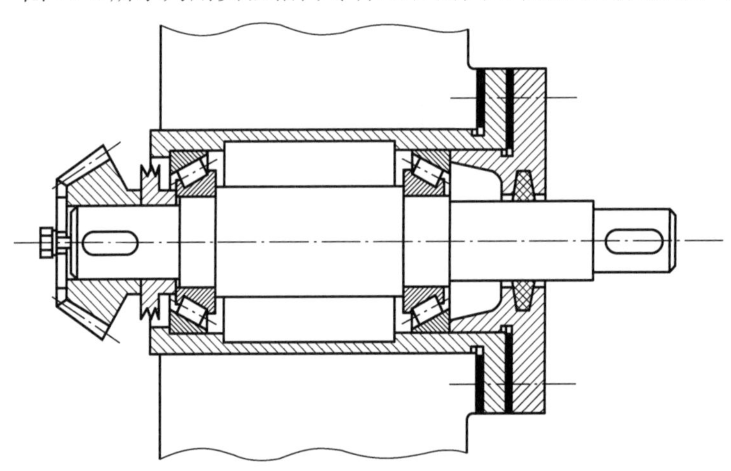

图 11-2 小圆锥齿轮轴系装配方案（正装）

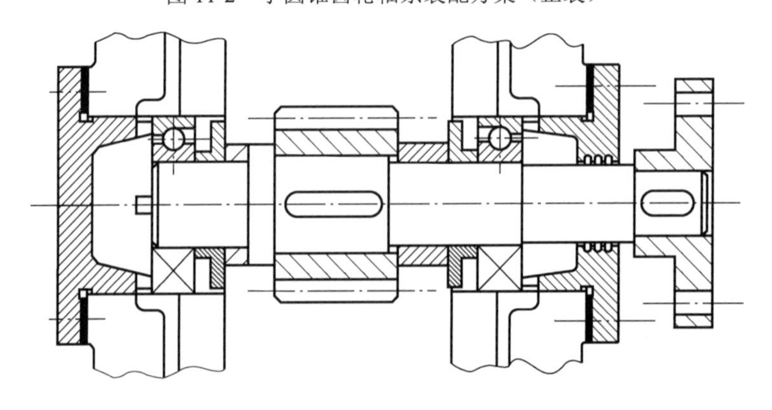

图 11-3 小圆柱齿轮轴系装配方案（一）

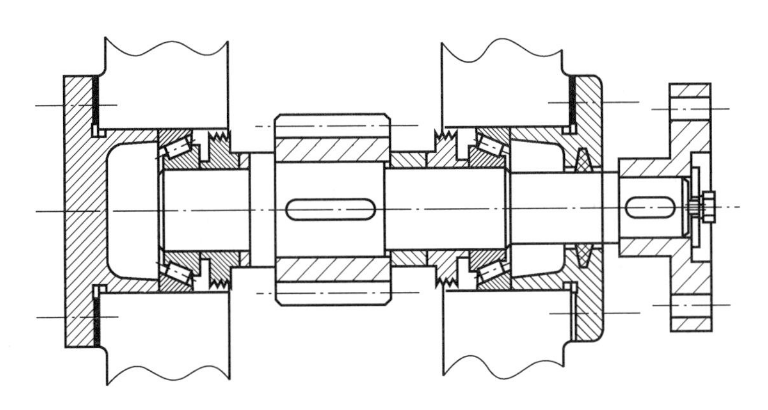

图 11-4　小圆柱齿轮轴系装配方案（二）

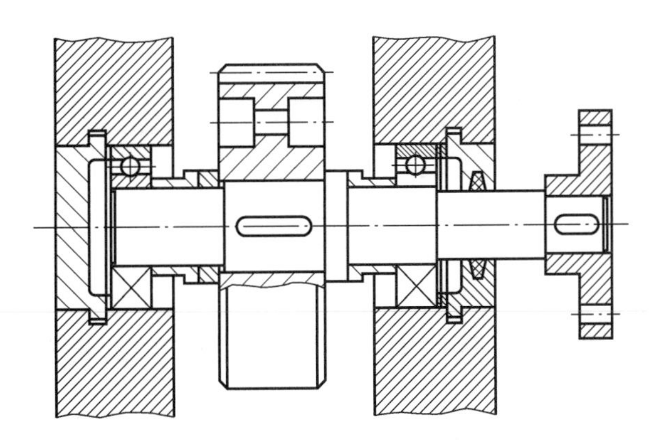

图 11-5　大圆柱齿轮轴系装配方案

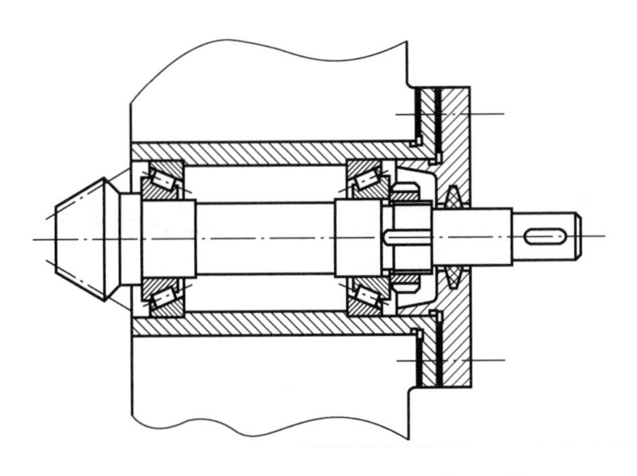

图 11-6　小圆锥齿轮轴系装配方案（反装）

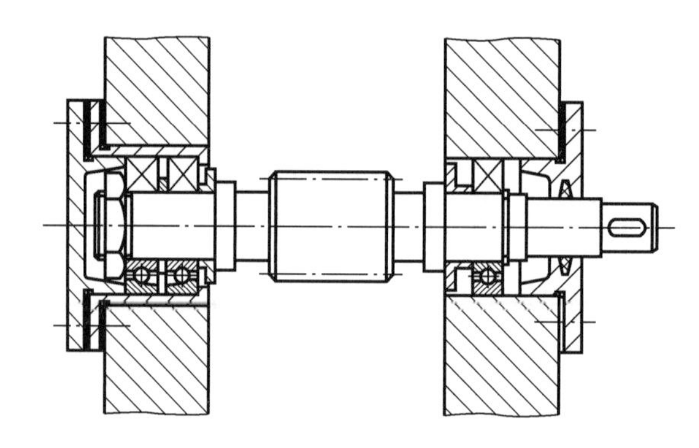

图 11-7　蜗杆轴系装配方案（一）

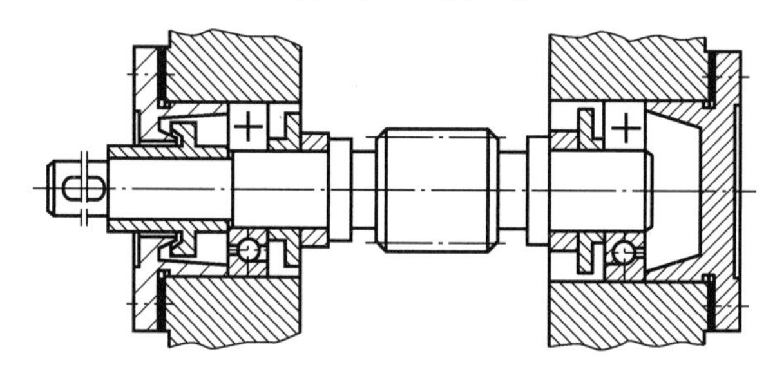

图 11-8　蜗杆轴系装配方案（二）

11.2　轴系结构分析与组装实验报告

1. 实验目的

2. 实验设备

3. 实验内容

4. 回答问题

1）对轴系进行结构分析，观察与分析轴承的结构特点，简要说明轴上零件的定位与固定，滚动轴承的安装、调整、润滑与密封等问题。

2）利用给定的箱内零部件，按照一定的装配顺序，装配出所要求的一种轴系结构，简要说明装配过程及需要注意的问题。

3）根据已经装配好的轴系结构模型，画出轴系结构装配示意图，简要说明画图过程中需要注意的问题。

实验 12 减速器装拆与分析实验

12.1 减速器装拆与分析实验指导书

减速器是一种由封闭在刚性壳体内的齿轮传动、蜗杆传动、齿轮-蜗杆传动及行星齿轮传动、摆线针轮传动、谐波齿轮传动等所组成的独立传动装置，常用在原动机与工作机之间，用来降低转速和相应地增大转矩，将原动机的运动和动力传递变换到工作机上。减速器的种类繁多，但其基本结构有很多相似之处。减速器的结构装拆方法及主要零件的加工工艺性，在机械产品中具有典型的代表性，作为机械类及近机械类专业学生有必要熟悉减速器的结构与设计，以便为“机械设计课程设计”打下良好的基础。

1. 实验目的

1）熟悉常用减速器的基本结构，了解各组成零部件的结构、功用及装配关系，并分析其结构工艺性。

2）通过减速器的拆装，了解减速器的拆卸、安装、调整过程及方法，提高机械结构设计能力。

3）了解减速器箱体内的结构及润滑和密封的方法，进一步加深对轴系部件结构和作用的认识。

4）掌握测定减速器主要零部件的参数和尺寸的方法。

2. 实验设备和工具

（1）减速器

装拆实验用的减速器系列主要有以下 8 种：单级圆柱齿轮减速器、单级圆锥齿轮减速器、圆锥-圆柱齿轮减速器、展开式双级圆柱齿轮减速器、同轴式双级圆柱齿轮减速器、分流式双级圆柱齿轮减速器、蜗杆蜗轮减速器及新型结构单级圆柱齿轮减速器等，部分减速器如图 12-1 所示。

（a）H 平行轴工业减速器

（b）单级圆柱齿轮减速器

（c）蜗杆蜗轮减速器

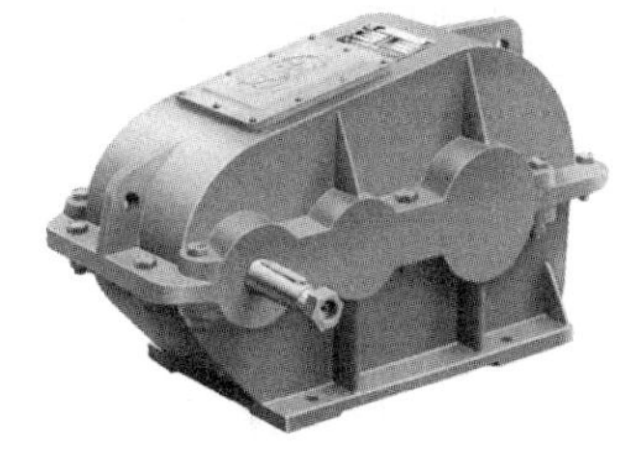

（d）双级圆柱齿轮减速器

（e）圆锥-圆柱齿轮减速器

图 12-1　装拆实验用的部分减速器

（2）工具

游标卡尺、活扳手、钢直尺、螺钉旋具、轴承、推卸器及铜锤等。

3. 实验内容及步骤

步骤 1　针对指定的一些减速器，拆卸前先观察其外部结构，分析它的传动方式、级数、输入轴和输出轴，用手分别转动输入轴、输出轴，体会转矩；用手轴向来回推动输入轴、输出轴，体会轴向窜动。观察它有哪些附件，思考这些附件的功用是什么。

步骤 2　用扳手拆下观察孔盖板，观察考虑孔的位置是否恰当，大小是否合适。

步骤 3　用扳手拆下轴承端盖与箱体间的连接螺钉，拧开箱盖与箱体的连接螺栓，取下轴承端盖和调整垫片，再拔出定位销。将螺栓、螺钉、垫片、螺母和销钉等放入塑料盘中，以免丢失。然后用起盖螺钉顶起并卸下箱盖，把它平稳地放在实验台上。

步骤 4　详细观察减速器箱体内各零部件的结构及位置，然后将轴和轴上零件随轴一起取出，按合理顺序拆卸轴上的零件。在拆卸过程中，要注意观察和思考箱体形状，轴系定位固定方式，润滑密封方法，箱体附件的结构、作用和位置要求等。

① 观察铸造箱体的具体结构，了解减速器附件的结构、作用和安装位置要求。

② 了解轴承的润滑方式和密封装置，包括外密封的形式，并且了解轴承内侧挡油环、封油环的工作原理及结构和安装位置。

③ 熟悉轴承的组合结构及轴承的拆卸、装配、定位、固定和轴向游隙的调整。

在操作过程中，要思考以下问题：对轴向游隙可调的轴承应如何进行调整？轴承是如何进行润滑的？若箱座和箱盖的接合面上有回油槽，则箱盖应采用怎样的结构才能使飞溅在箱体内壁上的油流回到箱座上的回油槽中？回油槽有几种加工方法？为了使润滑油经油槽进入轴承，轴承端盖面的结构应如何设计？在何种条件下滚动轴承的内侧要用挡油环或封油环？其工作原理、构造和安装位置如何？

步骤 5 测量和计算减速器零部件的主要参数：中心距 a，模数 m，齿数 z_1、z_2、z_3、z_4，传动比 i_1、i_2 等，将这些参数填入实验数据记录表中。

步骤 6 确定装配顺序，按原样将减速器装配好，清理工具和现场。在减速器的装拆过程中，要掌握装拆的基本原则，即先拆的零件后装配，后拆的零件先装配。装配轴和滚动轴承时，应注意方向，按滚动轴承的合理装拆方法进行。装配完成后，经指导教师检查合格才能合上箱盖。装配箱座、箱盖之间的连接螺栓前，应先安装好定位销钉。

4. 注意事项

1）未经指导教师允许，不得将减速器搬离工作台。

2）拆下的零件要妥善放好，避免掉下砸脚，防止丢失或损坏。

3）装拆滚动轴承时，应用专用工具，装拆力不应加在滚动体上。

4）拆卸纸垫时应小心，避免撕坏。

5）爱护工具及设备、仔细拆装，尽量不使箱体外的油漆受损。

5. 思考题

1）说明常用减速器的类型、特点及应用情况。

2）通过装拆，你看到减速器主要由哪些零部件组成？这些零部件如何组成轴系零部件？

3）减速器中的齿轮传动和轴承采用什么润滑方式、润滑装置和密封装置？

4）说明减速器中通气器、定位销、起盖螺钉、油标、放油螺塞等附件的用途及安装位置要求。

5）你所装拆的减速器各轴采用的支承结构形式是什么？有何特点？

12.2 减速器装拆与分析实验报告

1. 实验目的

2. 实验设备和工具

3. 实验记录

齿数及传动比

z_1	z_2	i_1	z_3	z_4	i_2

模数及中心距

a_1	m_1	a_2	m_2

轴承基本代号

轴承 1	轴承 2	轴承 3	轴承 4	轴承 5	轴承 6

其他有关尺寸

中心高 H	总传动比 i	输入轴最小直径 d_1	中间轴最小直径 d_2	输出轴最小直径 d_3	中间轴支承跨距 L

4. 回答问题

1）说明常用减速器的类型、特点及应用情况。

2）通过装拆，你看到减速器主要由哪些零部件组成？这些零部件如何组成轴系零部件？

3）减速器中的齿轮传动和轴承采用什么润滑方式、润滑装置和密封装置？

4）说明减速器中通气器、定位销、起盖螺钉、油标、放油螺塞等附件的用途及安装位置要求。

5）你所装拆的减速器各轴采用的支承结构形式是什么？有何特点？

实验 13

螺栓组连接特性实验

13.1 螺栓组连接特性实验指导书

1. 实验目的

（1）螺栓组实验

1）了解托架螺栓组受翻转力矩引起的载荷对各螺栓拉力分布情况的影响。

2）根据拉力分布情况，确定托架底板旋转轴线的位置。

3）将实验结果与螺栓组受力分布的理论计算结果进行比较。

（2）单个螺栓静载实验

了解在受预紧轴向载荷的螺栓连接中，零件相对刚度的变化对螺栓所受总拉力的影响。

（3）单个螺栓动载实验

通过改变螺栓连接中零件的相对刚度，观察螺栓中动态应力幅值的变化。

2. 实验设备

本实验的实验设备是 LSC-Ⅱ螺栓组实验台及单个螺栓连接综合实验台。

3. 实验原理

（1）螺栓组实验台的结构与工作原理

螺栓组实验台如图 13-1 所示，托架 1 在实际使用中多为水平放置，为了避免自重产生力矩的影响，在本实验台上设计为垂直放置。托架 1 用一组螺栓 3 连接在支架 2 上。加力杠杆组 4 包含两组杠杆，其臂长比均为 1∶10，总杠杆比为 1∶100，可使加载砝码 6 产生的力放大 100 倍后压在托架支撑点上。螺栓组的受力与应变转换为粘贴在各螺栓中部的应变片 8 的伸长量，可用应变仪来测量。两片应变片在螺栓上相隔 180° 粘贴，输出串接，以补偿螺栓受力弯曲引起的测量误差。引线由引线孔 7 中引出。

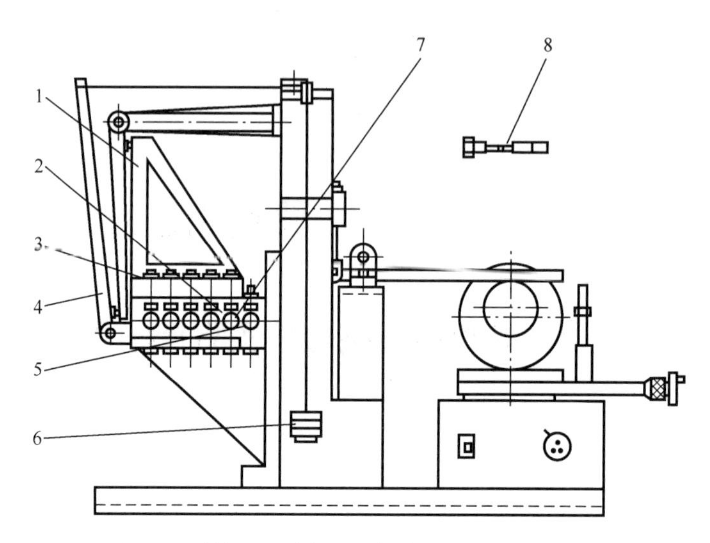

1—托架；2—支架；3—螺栓；4—杠杆组；
5—底座；6—加载砝码；7—引线孔；8—应变片。

图 13-1　螺栓组实验台

如图 13-2 所示，加载后，托架螺栓组受到一横向力及力矩，与接合面上的摩擦阻力相平衡。而力矩使托架有翻转趋势，使各个螺栓受到大小不等的外界作用力。根据螺栓变形协调条件，各螺栓所受拉力 F（或拉伸变形）与其中心线到托架翻转轴线的距离 L 成正比，即

$$\frac{F_1}{L_1}=\frac{F_2}{L_2} \tag{13-1}$$

式中，F_1、F_2——安装螺栓处由于托架所受力矩而引起的力，N；

L_1、L_2——从托架翻转轴线到相应螺栓中心线间的距离，mm。

本实验台中 2 号、4 号、7 号、9 号螺栓下标为 1；1 号、5 号、6 号、10 号螺栓下标为 2；3 号、8 号螺栓到托架翻转轴线的距离为零（L=0）。根据静力平衡条件可得

$$M=Qh_0=\sum_{i=1}^{10}F_iL_i \tag{13-2}$$

$$M=Qh_0=2\times 2F_1L_1+2\times 2F_2L_2 \tag{13-3}$$

式中，Q——托架受力点所受的力，N；

h_0——托架受力点到接合面的距离，mm，如图 13-2 所示。

本实验中取 Q=3500N，$h_0=210\,\text{mm}$，$L_1=30\,\text{mm}$，$L_2=60\,\text{mm}$。

将式（13-1）代入式（13-3）中，则 2 号、4 号、7 号、9 号螺栓的工作载荷为

$$F_1=\frac{Qh_0L_1}{2\times 2(L_1^2+L_2^2)} \tag{13-4}$$

1 号、5 号、6 号、10 号螺栓的工作载荷为

$$F_2 = \frac{Qh_0L_2}{2\times 2(L_1^2+L_2^2)} \tag{13-5}$$

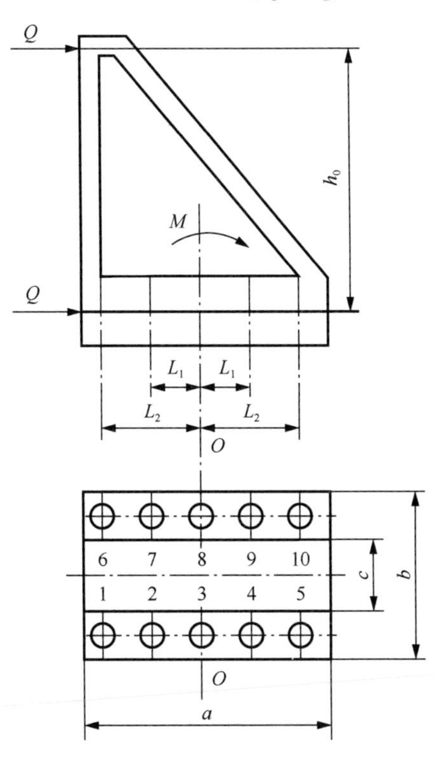

图 13-2　螺栓组的布置

（2）螺栓预紧力的确定

本实验是在加载后不允许连接接合面分开的情况下来预紧和加载的。在预紧力的作用下，连接接合面产生的挤压应力为

$$\sigma_\mathrm{p} = \frac{ZQ_0}{A} \tag{13-6}$$

悬臂梁在载荷力 Q 的作用下，若要使接合面不出现间隙，则应满足

$$\frac{ZQ_0}{A} - \frac{Qh_0}{W} \geqslant 0 \tag{13-7}$$

式中，Q_0——单个螺栓预紧力，N；

Z——螺栓个数，Z=10；

A——接合面面积，$A = a(b-c)$，mm^2；

W——接合面抗弯截面系数，其计算公式为

$$W = \frac{a^2(b-c)}{6} \tag{13-8}$$

本实验中取 a=160mm，b=105mm，c=55mm。

由式（13-7）及式（13-8）可知

$$Q_0 \geqslant \frac{6Qh_0}{Za} \tag{13-9}$$

为保证一定的安全性，取螺栓预紧力

$$Q_0 = (1.25 \sim 1.5)\frac{6Qh_0}{Za} \tag{13-10}$$

下面分析螺栓的总拉力。

在翻转轴线左面的各螺栓（1 号、2 号、6 号、7 号螺栓）被拉紧，轴向拉力增大，其总拉力为

$$Q_i = Q_0 + F_i \frac{C_{\mathrm{L}}}{C_{\mathrm{L}} + C_{\mathrm{F}}} \tag{13-11}$$

或

$$F_i = (Q_i - Q_0)\frac{C_{\mathrm{L}} + C_{\mathrm{F}}}{C_{\mathrm{L}}} \tag{13-12}$$

在翻转轴线右面的各螺栓（4 号、5 号、9 号、10 号螺栓）被放松，轴向拉力减小，总拉力为

$$Q_i = Q_0 - F_i \frac{C_{\mathrm{L}}}{C_{\mathrm{L}} + C_{\mathrm{F}}} \tag{13-13}$$

或

$$F_i = (Q_0 - Q_i)\frac{C_{\mathrm{L}} + C_{\mathrm{F}}}{C_{\mathrm{L}}} \tag{13-14}$$

式中，$\dfrac{C_{\mathrm{L}}}{C_{\mathrm{L}} + C_{\mathrm{F}}}$——螺栓的相对刚度；

C_{L}——螺栓刚度；

C_{F}——被连接件刚度。

螺栓上所受到的力是通过测量应变值而计算得到的。根据胡克定律

$$\varepsilon = \frac{\sigma}{E} \tag{13-15}$$

式中，ε——应变量；

σ——应力，MPa；

E——材料的弹性模量，对于钢材，取 $E = 2.06 \times 10^5$ MPa。

螺栓预紧后的应变量为

$$\varepsilon_0 = \frac{\sigma_0}{E} = \frac{4Q_0}{E\pi d^2} \tag{13-16}$$

则由式（13-15）可得螺栓受载后总应变量

$$\varepsilon_i = \frac{\sigma_i}{E} = \frac{4Q_i}{E\pi d^2} \tag{13-17}$$

或

$$Q_i = \frac{E\pi d^2}{4}\varepsilon_i = K\varepsilon_i \tag{13-18}$$

式中，d——被测处的螺栓直径，mm；

K——系数，$K = \frac{E\pi d^2}{4}$，N。

因此，可得在翻转轴线左面的各螺栓（1 号、2 号、6 号、7 号螺栓）的工作拉力为

$$F_i = K\frac{C_L + C_F}{C_L}(\varepsilon_i - \varepsilon_0) \tag{13-19}$$

在翻转轴线右面的各螺栓（4 号、5 号、9 号、10 号螺栓）的工作拉力为

$$F_i = K\frac{C_L + C_F}{C_L}(\varepsilon_0 - \varepsilon_i) \tag{13-20}$$

（3）单螺栓连接实验台的结构及工作原理

单螺栓连接实验台的结构如图 13-3 所示。旋动调整螺母 1，通过螺杆 2 与加载杠杆 8，可使吊耳 3 受拉力载荷，吊耳 3 下有垫片 4，改变垫片材料可以得到螺栓连接的不同相对刚度。吊耳 3 通过被测螺栓 5、紧固螺母 6 与机座 7 相连接。小电动机 9 的轴上装有偏心轮 10，当电动机轴旋转时偏心轮转动，通过杠杆使吊耳和被测螺栓上产生一个动态拉力。吊耳 3 与被测螺栓 5 上都贴有应变片，用于测量其应变的大小。变应力幅值调节手轮 12 可以改变小溜板的位置，从而改变动拉力的幅值。

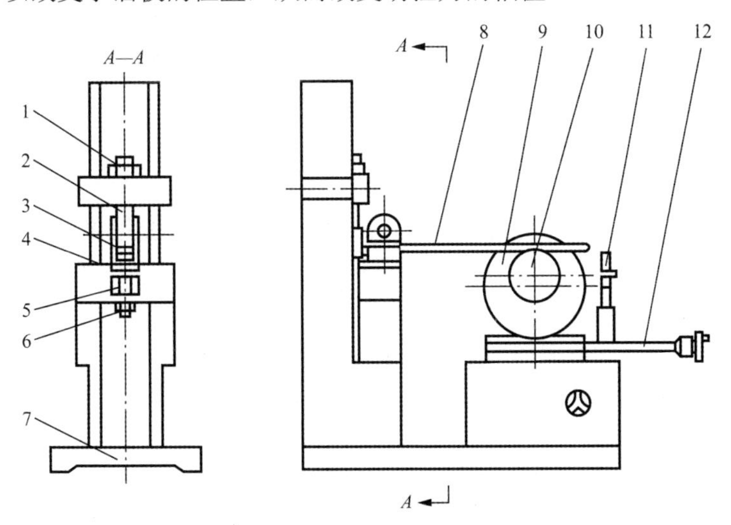

1—调整螺母；2—螺杆；3—吊耳；4—垫片；5—被测螺栓；6—紧固螺母；7—机座；
8—加载杠杆；9—小电动机；10—偏心轮；11—预紧或加载手轮；12—变应力幅值调节手轮。

图 13-3　单螺栓连接实验台的结构

4. 实验方法及步骤

（1）螺栓组实验

步骤 1 在实验台螺栓组各螺栓不加任何预紧力的状态下，将各螺栓对应的半桥电路引线（1～10 号线）按要求接入所选用的应变仪相应接口中，根据应变仪使用说明书进行预热（一般为 3min）并调至平衡。

步骤 2 根据式（13-10）计算出每个螺栓所需的预紧力 Q_0，并由式（13-16）计算出螺栓预紧后的应变量 ε_0，将结果填入实验报告的螺栓组实验数据的表中。

步骤 3 按式（13-4）和式（13-5）计算出每个螺栓的工作拉力 F_i，将结果填入实验报告的螺栓组实验数据的表中。

步骤 4 逐个拧紧螺栓组中的螺母，使每个螺栓的预紧应变量约为 ε_0。各螺栓应交叉预紧，为使每个螺栓的预紧力尽可能一致，应反复调整 2～3 次。

步骤 5 对螺栓组连接进行加载，加载力为 3500N，其中砝码连同挂钩的质量为 3.754kg。停歇 2min 后卸去载荷，然后加上载荷，在应变仪上读出每个螺栓的应变量 ε_i 并将其填入实验报告的螺栓组实验数据的表中，反复做三次实验，取三次测量值的平均值作为实验结果。

步骤 6 画出实测的螺栓应力分布图。

步骤 7 用机械设计中的计算理论计算以上各测量值，绘出螺栓组连接的应变图，并与实验结果进行对比分析。

（2）单个螺栓静载实验

步骤 1 旋转变应力幅值调节手轮 12 的摇手，移动小溜板至最外侧位置。

步骤 2 如图 13-3 所示，旋转紧固螺母 6，预紧被测螺栓 5，预紧应变为 $\varepsilon_0 = 500\mu\varepsilon$。

步骤 3 旋动调整螺母 1，使吊耳 3 上的应变片（12 号线）产生 $50\mu\varepsilon$ 的恒定应变。

步骤 4 换用不同弹性模量材料的垫片，重复上述步骤，将螺栓总应变 ε_i 记录在实验报告的单个螺栓静载实验的表中。

步骤 5 用式（13-21）计算刚度 C_e，并对不同垫片的实验结果进行比较分析。

$$C_e = \frac{\varepsilon_0 - \varepsilon_i}{\varepsilon} \cdot \frac{A'}{A} \tag{13-21}$$

式中，A——吊耳测应变的截面面积，本实验中 A 为 224mm^2；

A'——实验螺栓测应变的截面面积，本实验中 A' 为 50.3mm^2。

（3）单个螺栓动载实验

步骤 1 安装吊耳下的钢制垫片。

步骤 2 给被测螺栓 5 加上预紧力，预紧应变仍为 $\varepsilon_0 = 500\mu\varepsilon$（可通过 11 号线测量）。

步骤 3 将加载偏心轮转到最低点，并调节调整螺母 1，使吊耳应变量为 5～$10\mu\varepsilon$（通过 12 号线测量）。

步骤 4 启动小电动机，驱动加载偏心轮。

步骤 5 从波形线上分别读出螺栓的应力幅值和动载荷幅值，将结果填入实验报告的单个螺栓动载实验的表中。

步骤 6 换上环氧垫片，移动电动机位置以改变被连接件的刚度，调节动载荷的大小，使动载荷幅值与使用钢垫片时一致。

步骤 7 估读出此时的螺栓应力幅值，将结果填入实验报告的单个螺栓动载实验的表中。

步骤 8 对不同垫片下螺栓应力幅值与动载荷幅值的关系进行对比分析。

步骤 9 松开各部分，卸去所有载荷。

步骤 10 校验电阻应变仪的复零性。

13.2 螺栓组连接特性实验报告

1. 实验目的

2. 实验设备

3. 实验数据

（1）螺栓组实验

1）螺栓组实验数据。

计算法测定螺栓上的力

项目	螺栓号数									
	1	2	3	4	5	6	7	8	9	10
螺栓预紧力 Q_0 /N										
螺栓预紧应变量 $\varepsilon_0/(10^{-6})$										
螺栓工作拉力 F_i /N										

实验法测定螺栓上的力

项目		螺栓号数									
		1	2	3	4	5	6	7	8	9	10
螺栓总应变量	第一次测量										
	第二次测量										
	第三次测量										
	平均数										
由换算得到的工作拉力 F_i /N											

2）绘制实测螺栓应力分布图。

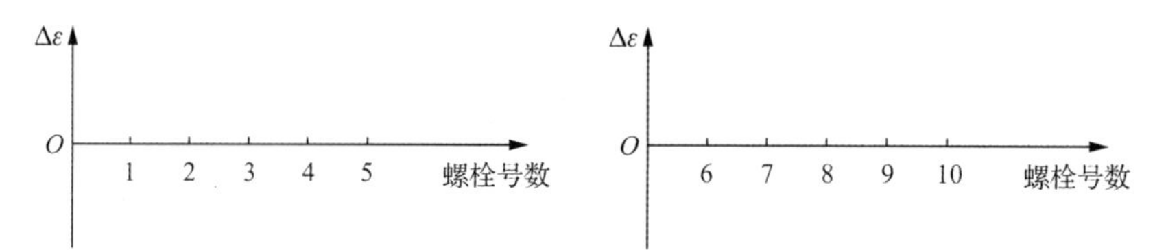

3）根据实验记录数据，绘出螺栓组工作拉力分布图。确定螺栓连接翻转轴线的位置。

（2）单个螺栓静载实验

$\varepsilon_i=$　　　　；ε（吊耳）$=$　　　　。

单个螺栓相对刚度计算

垫片材料	ε_i	相对刚度 C_e
钢片		
环氧片		

注：$C_e=\dfrac{\varepsilon_0-\varepsilon_i}{\varepsilon}\cdot\dfrac{A'}{A}$，$A$ 为吊耳上测应变片的截面面积（mm^2），$A=2b\delta$，其中，b 为吊耳截面宽度（mm），δ 为吊耳截面厚度（mm）；A' 为实验螺栓测应变截面面积（mm^2），$A'=\pi d^2/4$，其中，d 为螺栓直径（mm）。

（3）单个螺栓动载实验

单个螺栓动载荷幅值测量　　　　单位：mV

垫片材料		钢片	环氧片
ε_i			
动载荷幅值	第一次测量		
	第二次测量		
螺栓应力幅值	第一次测量		
	第二次测量		

4. 回答问题

1）若翻转中心不在 3 号、8 号位置，则说明什么问题？

2）被连接件刚度与螺栓刚度的大小对螺栓的动态应力分布有何影响？

3）理论计算和实验所得结果之间的误差是由哪些原因引起的？

实验 14 机械传动性能综合测试实验

14.1 机械传动性能综合测试实验指导书

1. 实验目的

1）进一步了解机械传动系统的基本结构与设计要求；了解机械传动系统创新设计的基本方式，从而提高机械创新意识。

2）通过对驱动源和传动输出端利用计算机数模和人工对转矩及各参数分析，进一步了解机械传动系统的性能特点，提高机械设计能力。

3）认识机械传动性能测试与数字化分析的基本原理，培养工程实践能力。

4）掌握转速、力矩、传动功率和传动效率等性能参数测试的基本原理和方法。

5）验证在传动中的摩擦损耗所引起的输出功率总是小于输入功率，效率总是小于100%。

2. 实验设备

本实验在 JZC 机械传动创意组合与性能分析实验台上进行，本实验台的结构布局如图 14-1 所示。

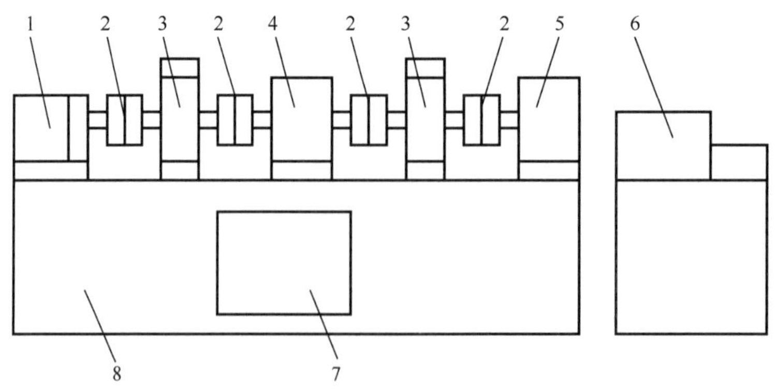

1—变频调速电动机；2—联轴器；3—转矩转速传感器；4—试件；
5—加载与制动装置；6—工控机；7—电气控制柜；8—台座。

图 14-1 实验台的结构布局

实验台组成部件的主要技术参数见表 14-1。

表 14-1　实验台组成部件的主要技术参数

序号	组成部件		技术参数
1	变频调速电动机	变频电动机 YVF2-801-4（一台）	功率：0.55kW 电压：380V 电流：1.5A 额定转矩：3.5N · m 变频范围：5/50/100Hz
		变频器 VFD007M43B（一台）	
2	转矩转速传感器	ZJ10 型转矩转速传感器（一台）	额定转矩：10N · m 精度 0.2 级 转速范围：0～6000r/min
		ZJ50 型转矩转速传感器（一台）	额定转矩：50N · m 精度 0.2 级 转速范围：0～5000r/min
		转矩转速测试卡（两套）	转矩测量精度：±0.2%FS 转速测量精度：±0.1%
3	机械传动装置（试件）	直齿圆柱齿轮减速器	减速比：1∶5 齿数 $z_1 = 19$， $z_2 = 95$
		摆线针轮减速器	减速比：1∶9
		蜗杆减速器	减速比：1∶10 蜗杆头数 $z_1 = 1$ 中心距：a=50mm
		V 带	
		平带	
		同步带	带轮齿数 $z_1 = 18$， $z_2 = 25$ 节距 $L_P = 9.525$ L 型同步带：3×16×80
4	磁粉制动器	CZ50 法兰式磁粉制动器（一台）	额定转矩：50N · m 容许滑差功率：1.1kW
5	数据采集控制卡	数据采集控制卡（一套）	
6	主要搭接件中心高及轴径尺寸	变频电动机	中心高 80mm，轴径ϕ19mm
		ZJ10 型智能转矩转速传感器	中心高 60mm，轴径ϕ12mm
		ZJ50 型智能转矩转速传感器	中心高 85mm，轴径ϕ26mm
		CZ50 法兰式磁粉制动器	轴径ϕ25mm
		WD2-50（10∶1）蜗杆减速器	输入轴中心高 55mm，轴径ϕ14mm 输出轴中心高 105mm，轴径ϕ18mm
		WB150-9-W 摆线针轮减速器	中心高 120mm
		ZDY-80 圆柱齿轮减速器	中心高 100mm 主动轴ϕ28mm，被动轴ϕ32mm
		中间支架	中心高 120mm，轴径ϕ24mm
7	工控机	华北工控 PC-600	
8	实验台		外形尺寸 1500mm×750mm×800mm

3. 实验对象

基本传动装置：带传动（V 带、平带及同步带）、链传动、减速器（圆柱齿轮减速器、摆线针轮减速器及蜗杆减速器）等。

4. 实验原理

从机械原理的角度看，机械是由若干机构和传动零部件搭接而成的能量转换系统。平面连杆机构、齿轮机构、凸轮机构、间歇运动机构，以及带传动、链传动、联轴器等被广泛应用在机械传动系统中。

机械传动系统的设计是一种创造性劳动，要想设计出性能可靠的机械传动系统，就需要了解机构或传动零部件的性能特点并进行合理的选择与搭接组合，同时要对新设计的传动方案进行性能分析。

本实验在 JZC 机械传动创意组合与性能分析实验台上进行。该实验台采用模块化结构，由种类齐全的机械传动装置、联轴器、变频电动机、加载装置和工控机等模块组成。可以根据选择或设计的实验类型、方案和内容，自己动手进行传动连接、安装调试和测试，进行设计性实验、综合性实验或创新性实验。

机械传动性能综合测试实验台的工作原理如图 14-2 所示。

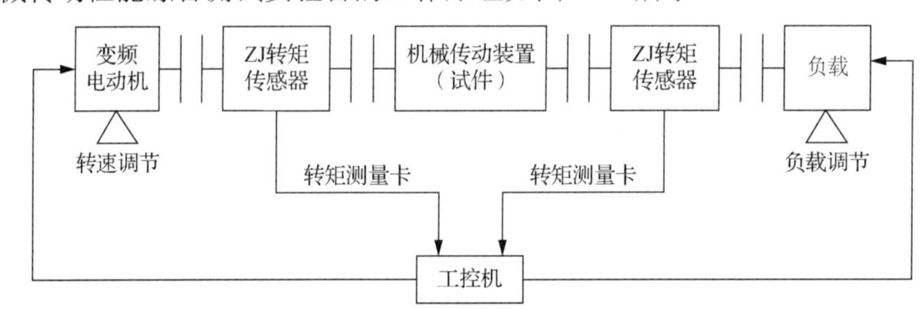

图 14-2　机械传动性能综合测试实验台的工作原理

在机械传动中，输入功率应等于输出功率与机械内部损耗功率之和，即

$$P_i = P_o + P_f \tag{14-1}$$

式中，P_i——输入功率；

P_o——输出功率；

P_f——机械内部损耗功率。

机械效率η为

$$\eta = \frac{P_o}{P_i} \tag{14-2}$$

由力学知识可知，对于机械传动，若设其传动力矩为M，角速度为ω，则对应的功率为

$$P = M\omega = \frac{2\pi n}{60}M = \frac{\pi n}{30}M \tag{14-3}$$

式中，n——传动机械的转速，r/min。

所以，传动效率η可被改写为

$$\eta = \frac{M_o n_o}{M_i n_i} \tag{14-4}$$

式中，M_i、M_o——传动机械输入、输出轮矩；

n_i、n_o——传动机械输入、输出转速。

因此，若利用仪器测出被测对象的输入转矩、转速和输出转矩、转速，就可以通过式（14-4）计算出传动效率。

（1）ZJ 型转矩转速传感器的工作原理

ZJ 型转矩转速传感器属于磁电式相位差传感器，其工作原理是通过弹性轴、两组磁电信号发生器，把被测转矩、转速转换成具有相位差的两组交流电信号，这两组交流电信号的频率相同且与轴的转速成正比，而其相位差的变化部分又与被测转矩成正比，如图 14-3 所示。

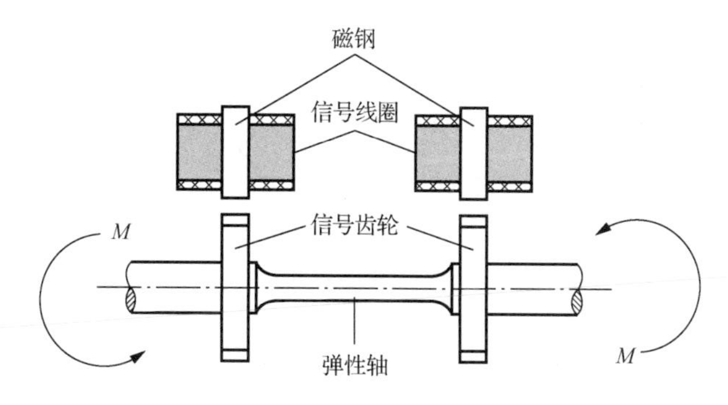

图 14-3　ZJ 型转矩转速传感器的工作原理

在弹性轴的两端安装两只信号齿轮，在两齿轮的上方各安装一组信号线圈，在信号线圈内均装有磁钢，与信号齿轮组成磁电信号发生器。当信号齿轮随弹性轴转动时，信号齿轮的齿顶及齿根交替周期性地扫过磁钢的底部，使气隙磁导产生周期性的变化，线圈内部的磁通量也产生周期性的变化，在两个信号线圈中感应出两个近似正弦变化的电动势u_1和u_2。当转矩转速传感器受扭后，这两个感应电动势分别为

$$u_1 = U_m \sin z\omega t \tag{14-5}$$

$$u_2 = U_m \sin(z\omega t + z\theta) \tag{14-6}$$

式中，z——齿轮齿数；

ω——轴的角速度，rad/s；

θ——两个基本点齿轮间的偏转角度，rad。

θ角由两部分组成：一部分是齿轮的初始偏差角θ_0，另一部分是由于受转矩M后弹性轴变形而产生的偏转角$\Delta\theta = K_1 M$。因此

$$u_2 = U_{\mathrm{m}} \sin(z\omega t + z\theta_0 + zK_1 M) \tag{14-7}$$

这两组交流电信号的频率相同且与齿轮的齿数和轴的转速成正比，因此可以用来测量转速。这两组交流电信号之间的相位，与其安装的相对位置及弹性轴所传递转矩的大小及方向有关。当弹性轴不承受转矩时，两组交流电信号之间的相位差只与信号线圈及齿轮的安装相对位置有关，这一相位差一般称为初始相位差。在设计制造时，使其相差半个齿距，则两组交流电信号之间的初始相位差为 180°。弹性轴承受转矩时产生转矩变形，于是在安装齿轮的两个端面之间相对转动角为$\Delta\theta$，从而使两组交流电信号之间的相位差产生变化$\Delta\phi$（图 14-4）。在弹性变形范围内，$\Delta\phi$与$\Delta\theta$成正比，也就是正比于转矩值，由此即可测出转矩的大小。

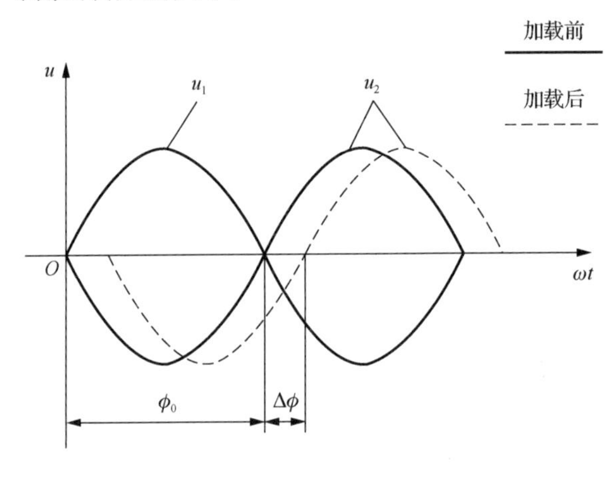

图 14-4　转矩转速传感器输出信号

1）转速的测试。设转矩转速传感器信号齿轮的齿数为 z，每秒钟转矩转速传感器输出的脉冲数为 f，则转速 n（r/min）为

$$n = 60f / z \tag{14-8}$$

2）转矩的测试。设转矩转速传感器信号齿轮的齿数为 z，若要求两信号齿轮的两路输出信号的初始相位差为ϕ_0=180°，则两信号齿轮安装时需要错开$\dfrac{360^\circ}{2z}$。

当弹性轴承受转矩时，将产生扭转变形，于是安装齿轮的两个端面之间相对转动$\Delta\theta$，两信号齿轮的错位角为$\dfrac{360^\circ}{2z} \pm \Delta\theta$，从而两组交流电信号之间的相位差变为

$$\phi = z\left(\frac{360^\circ}{2z} \pm \Delta\theta\right) = 180^\circ \pm z\Delta\theta \tag{14-9}$$

则两组交流电信号之间的相位差的增量为

$$\Delta\phi = \phi_0 - \phi = \pm z\Delta\theta \tag{14-10}$$

由材料力学知，在弹性变形范围内，转角$\Delta\theta$与力矩成正比，即

$$\Delta\theta = K_1 M \tag{14-11}$$

式中，M——作用于弹性轴的力矩；

　　K_1——弹性指数。

设弹性轴的直径为 d，长度为 L，弹性模数为 G，则

$$K_1 = \frac{32L}{\pi d^4 G} \tag{14-12}$$

将 $\Delta\theta$ 代入式（14-10），得

$$\Delta\phi = \pm z K_1 M = KM \tag{14-13}$$

式中，K——比例系数，$K = \pm z K_1$。

由式（14-13）可以看出，测出两组交流电信号之间的相位差的增量即可测出对应的力矩的大小。

3）传动功率的测量。传动功率与转速和力矩的乘积成正比，即

$$P = \omega M = \pi n M / 30 \tag{14-14}$$

因此，只要测出转速和力矩即可计算出传动功率的大小。

4）转矩转速传感器的机械结构。图 14-5 所示为 ZJ 型转矩转速传感器的机械结构。为了提高测量精度及信号幅值，两端的信号发生器是由安装在弹性轴上的外齿轮、安装在套筒内的内齿轮、固定在机座内的导磁环、磁钢、线圈及导磁支架组成封闭的磁路。其中，外齿轮、内齿轮是齿数相同、互相分开、互不啮合的。套筒的作用是当弹性轴的转速较低或不转时，通过传感器顶部的小电机及齿轮或带传动带动套筒，使内齿轮反向转动，提高内、外齿轮之间的相对转速，保证了转矩测量精度。

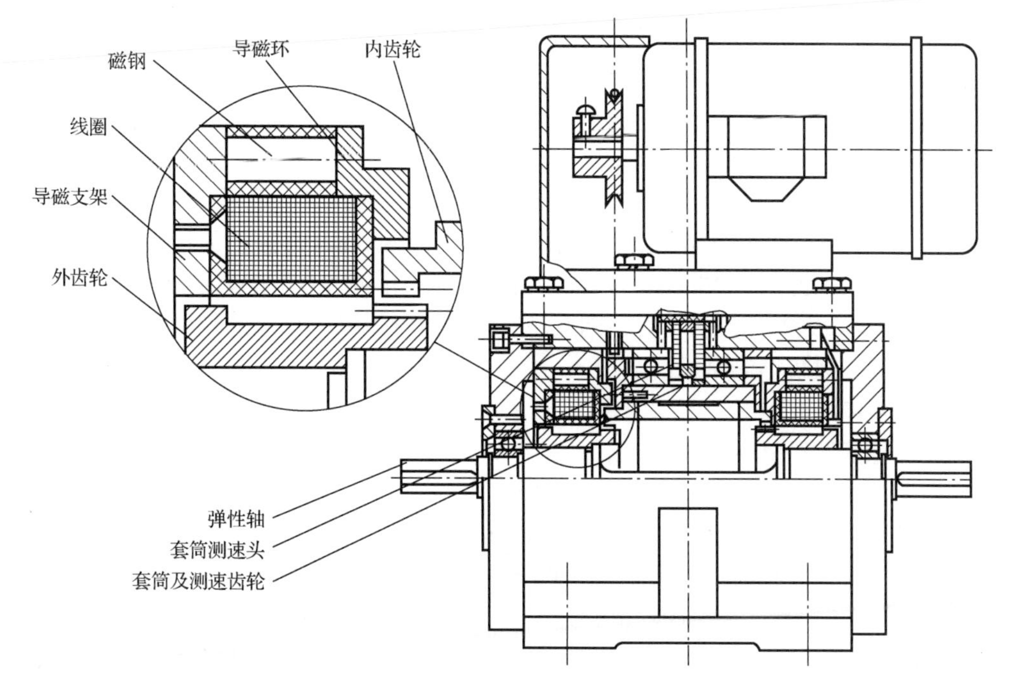

图 14-5　ZJ 型转矩转速传感器的机械结构

（2）STC-1 转矩测试卡使用说明

1）概述。STC-1 转矩测试卡的总线形式为 STC-1 ISA，即 STC-1 为计算机 ISA 总线式插卡，其外形如图 14-6 所示。

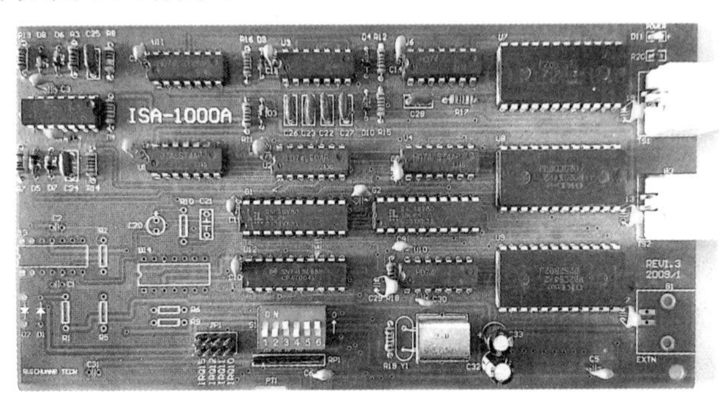

图 14-6　STC-1 转矩测试卡的外形

STC-1 转矩测试卡有以下特点。

① STC-1 转矩测试卡与计算机及磁电式相位差型转矩转速传感器配套，配备相应软件，可实现转矩、转速的高精度测量（一台虚拟仪器）。

② 标准的 PC/AT/PCI 总线。只要将 STC-1 转矩测试卡插入计算机的 ISA 槽，传感器转矩信号直接输入 STC-1 转矩测试卡，无须外接转矩二次仪表，简单、方便、可靠。

③ 界面生动，操作简单方便。

④ 不仅转矩、转速、功率 CRT 数字实时显示，而且可对全程测量数据进行数学运算，拟合出各种特性曲线。

⑤ 既可快速存储，又可慢速选点存储，以及回放数据、曲线。

⑥ 转矩转速特性误差全程校正。

⑦ STC-1 插卡不仅提供标准的转矩转速及其曲线的测量、显示软件，而且向用户提供 DOS（disk operating system，磁盘操作系统）、Windows 环境下的接口：DOS 采用内存驻留技术及库函数，Windows 则以 DLL 函数/WDM/VXD（WDM/VXD 驱动仅 PCI 接口卡提供）驱动程序供用户调用，因此用户可以方便地嵌入自己的测量系统，如电机、水泵、变速箱、风机等测试系统。

STC-1 接口函数如下。

启动测量函数：StartTest(卡号)。

判断测量结束标志函数：GetTestFlag(卡号)。

取测量数据函数：GetTestValue(卡号, M, n)。

注意：一台计算机最多可同时使用 64 块转矩转速测试卡，其编号为 0～63。

⑧ STC-1 转矩测试卡与计算机并行工作，当 STC-1 转矩测试卡完成一组数据的采集后，其硬件自动保存测量数据，用户可以在下一次启动测量之前的任意时刻提取测量数据。

⑨ STC-1 转矩测试卡可与 JZ 系列、ZJ 系列、CGQ 系列、JC 系列、JCZ 系列、SS 系列等国内外各种磁电式相位差型转矩传感器配套使用。

2）技术指标。

① 转矩测量。

配用传感器：各种量程相位差式转矩转速传感器。

精度：±0.1%FS 或±0.2%FS。

② 转速测量。

配用传感器：相位差式转矩转速传感器或测速齿轮。

精度：±0.1%。

采样速率：50ms～3s 任意设定。

注意：采样速率与转速有关，因为相位差型转矩仪器完成鉴相至少得有一个周期以上的时间，而且为了保证精度，必须保证信号周期的完整性，若采样速率设置值小于信号周期，那么采样周期将会延长到信号周期两倍以上。因此，在要求高速采样的场合中，应该尽量地提高转矩信号的频率（提高转速）。

3）使用方法。用跳线为转矩卡上的 A4、A5、A6、A7、A8、A9 设置 I/O 地址，必须保证设置的地址不被计算机中的其他硬件占用。STC-1 使用 16 个连续 I/O 地址，可以在 0～0x0FH 之间任选一组地址；在 IRQ10、IRQ11、IRQ12 或 IRQ15 之间任选一中断，将 X3 的跳线全去掉，STC-1 不使用中断。

STC-1 ISA 的 SW（DIP）开关见表 14-2。

表 14-2　STC-1 ISA 的 SW（DIP）开关

A4	A5	A6	A7	A8	A9	地址	编号
ON	ON	ON	ON	ON	ON	000～00FH	0
OFF	ON	ON	ON	ON	ON	010～01FH	1
ON	OFF	ON	ON	ON	ON	020～02FH	2
……	……	……	……	……	……	……	……
ON	ON	ON	ON	OFF	OFF	300～30FH	48
……	……	……	……	……	……	……	……
OFF	OFF	OFF	OFF	OFF	OFF	3F0～3FFH	63

① 将转矩测试卡插入计算机的 PCI 中。

② 将光盘中的 STC-1 程序装入计算机。执行 SETUP.EXE，按照说明分步选择即可。这是演示程序，能判别转矩测试卡与传感器是否正常工作。

③ 把 STC-1 嵌入测试系统。STC-1 以 DLL 形式供用户调用，提供四个函数，能让 STC-1 方便地嵌入测试系统。其中，第一个函数仅调用一次，后面三个函数需循环调用。

设置参数函数：SetParameter( )。

启动测量函数：StartTest( )。

判断测量结束标志函数：GetTestFlag( )。

取测量数据函数：GetTestValue( )。

④ 转矩测试快速入门。

- 把转矩传感器铭牌上的系数、齿数、量程（或额定转矩）输入转矩测试卡测试软件（或转矩测量仪）中。
- 转矩调零。因为 ZJ 型转矩传感器空载转动时其输出二路信号初始相位角并不是 0°，而是 180°左右，故需要进行转矩调零。

转矩调零要满足两个条件：一是空载，二是主轴转动。当空载转动后，单击“自动调零”按钮，系统便可自动测取转矩零点。实在无法卸去负载时也可以使小电机调零，但这样将会带来同心度误差和转速特性误差，所以应尽量避免。一般情况下，某一转矩零点是在某一转速下测得的。当转速变化时，该转速状态下的零点也有可能会发生变化。为了保证在任意转速状态下转矩的测量精度，STC-1 能自动测取多个不同转速（如 20 种转速）状态下的零点，然后用拟合算法，自动算出任意转速状态下的转矩零点，从而完全克服转速变化引起的转矩测量误差。单击 OK 按钮，将保存零点；单击 Cancel 按钮，将不再保存所测取的零点。

正确的转矩零点应该在量程值左右。

- 开始测试。

（3）磁粉制动器的工作原理

1）基本结构。磁粉制动器是根据电磁原理和利用磁粉传递转矩的，它具有励磁电流和传递转矩基本呈线性关系、响应速度快、结构简单等优点，是一种多用途、性能优越的自动控制元件，是各种机械制动、加载的理想装置。

磁粉制动器如图 14-7 所示。在定子与转子间隙中填入磁粉，当励磁线圈未通电时，磁粉主要附在定子表面。当励磁线圈接通直流电时，产生磁通，磁粉立即沿磁通连接成链状。这时磁粉间的结合力和磁粉与工作表面间的摩擦力产生制动力矩，其大小与励磁电流基本上成正比。通过可调稳流器来控制励磁电流的大小，从而控制力矩的大小。但是，当励磁电流增大到一定值时，该力矩趋向饱和。在加载过程中输入的机械能通过摩擦转变为热能。在额定力矩的情况下，制动功率的大小取决于散热的快慢。为了增加制动功率，必须强制冷却。此外，由于在实验过程中，磁粉制动器在连续状态下运行，因此选择制动器规格时，除应考虑到制动力外，还应根据负载特性来选择，即磁粉制动器的允许制动功率应大于被测功率。

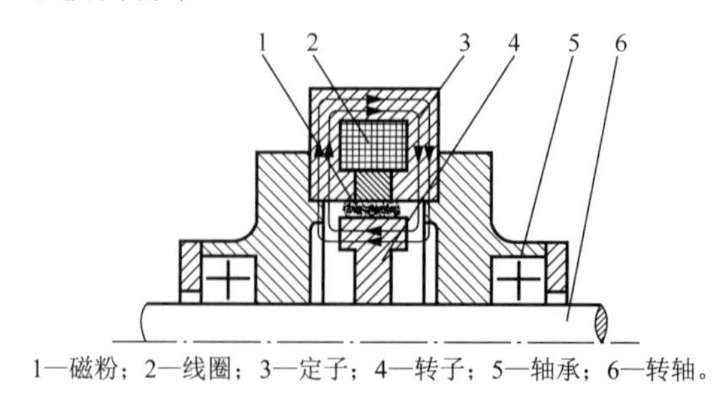

1—磁粉；2—线圈；3—定子；4—转子；5—轴承；6—转轴。

图 14-7　磁粉制动器

2）磁粉制动器的特性。

① 励磁电流-转矩特性。励磁电流与转矩基本呈线性关系，通过调节励磁电流可以控制力矩的大小，其特性曲线如图 14-8 所示。

② 转速-转矩特性。转矩与转速无关，保持定值。静力矩和动力矩没有差别，其特性曲线如图 14-9 所示。

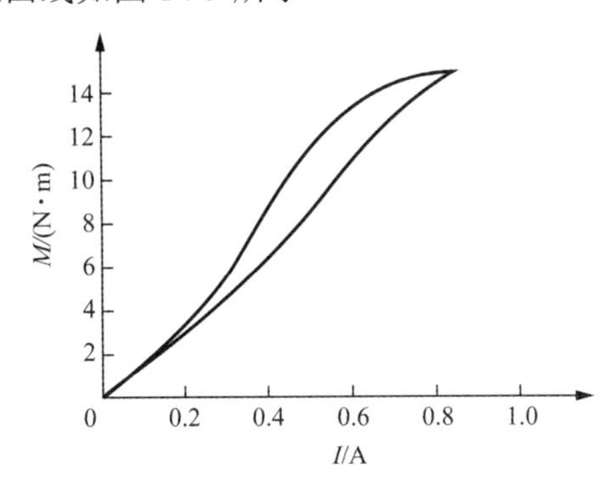

图 14-8　励磁电流-转矩特性曲线

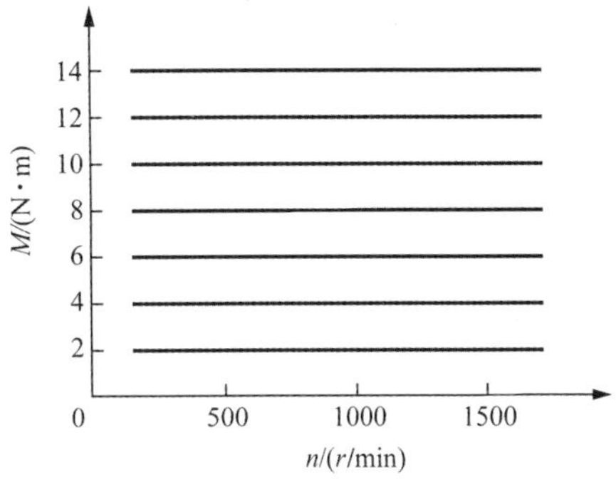

图 14-9　转速-转矩特性曲线

（4）实验台软件的使用说明

1）运行软件。双击桌面上 Test 快捷方式图标，进入该软件运行环境。

2）界面总览。软件的运行界面，主要由电机控制操作面板、下拉菜单、显示面板、测试记录数据库、被测参数数据库、数据操作面板 6 部分组成，如图 14-10 所示。其中，电机控制操作面板主要用于控制实验台架；下拉菜单可以用于设置各种参数；显示面板用于显示实验数据；测试记录数据库用于存放并显示临时测试数据；被测参数数据库用于存放被测参数；数据操作面板主要用于对测试记录数据库和被测参数数据库中的数据进行操作。

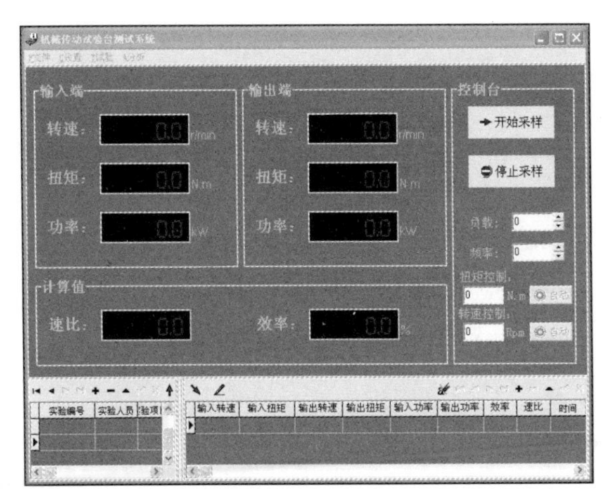

图 14-10　软件的运行界面

① 电机控制操作面板。电机控制操作面板由“开始采样”按钮、“停止采样”按钮、电机“负载”数据选择框、电机“频率”数据选择框构成。

“开始采样”按钮：实验开始运行后，由计算机自动进行数据采样。

“停止采样”按钮：单击此按钮，计算机停止对实验数据进行采样。

“负载”数据选择框：通过调节此框内的数值可改变电机负载的大小（磁粉制动器）。数据选择框可调数值范围为0～100。

“频率”数据选择框：通过调节此框内的数值可改变变频器频率，进而调节电机转速，变频器最高频率由变频器设置。

② 下拉菜单。下拉菜单有“文件”“设置”“试验”“分析”4个主要功能。

“文件”菜单如图14-11所示，由“打开数据文件”“数据另存为”“清除数据库所有记录”“退出系统”4个选项组成。“打开数据文件”用于打开以前保存的数据库文件。“数据另存为”用于保存当前数据库中的数据及报表头信息，将其存为文件，其中数据库中的数据可以通过数据库窗口进行浏览。“清除数据库所有记录”即清空两个数据库。“退出系统”用于退出当前程序，退出程序前一定要先停止数据采样。

“设置”菜单如图14-12所示。

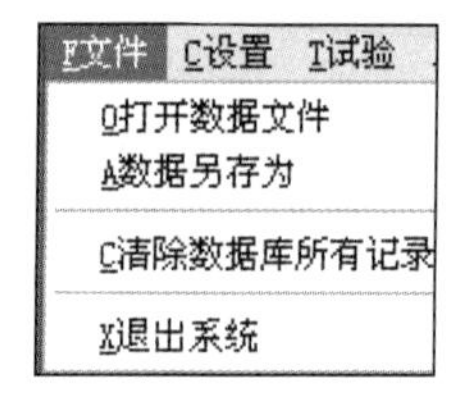

图14-11　“文件”菜单

图14-12　“设置”菜单

选择“设定转矩转速传感器参数”选项，会弹出图14-13所示的对话框（图中扭矩即转矩）。根据转矩传感器的铭牌，如实填写所有参数项即可。

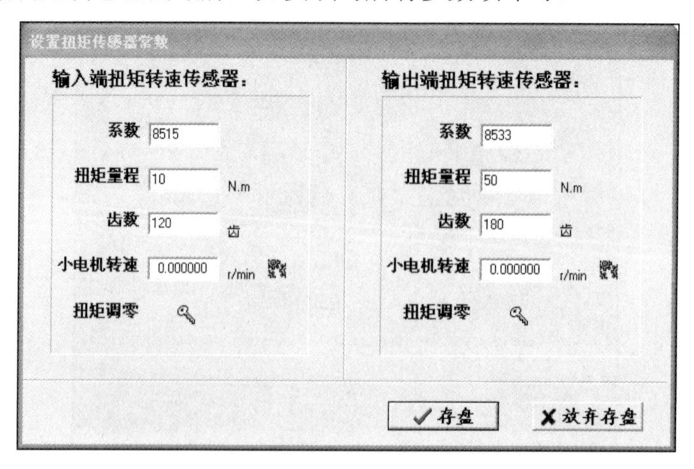

图14-13　“设置扭矩传感器常数”对话框

注意：填写小电机转速时，用户必须启动传感器上小电机，此时测试台架主轴应处于静止状态，单击“小电机转速”文本框右边的按钮，计算机将自动检测小电机转速，并填入该框内。当主轴转速低于 100r/min 时，必须启动传感器上的小电机且小电机转向必须同主轴相反。机械台架每次重新安装后都需要进行转矩的调零，但是没必要每次测试都进行调零。调零时要注意，输入和输出一定要分开调零。调零分为精细调零和普通调零。当进行精细调零时，要先断开负载和联轴器，然后主轴开始转动，进行输入调零；接下来接好联轴器，主轴转动，进行输出调零。当进行普通调零时，无须断开联轴器，直接启动小电机进行调零即可；但小电机转动方向必须与主轴转动方向相反。处于零点状态时用户只需单击“扭矩调零”文本框右边的按钮，便可自动调零。

选择“设定串口参数”选项，会弹出图 14-14 所示的对话框，用户可根据串口的使用说明进行配置。

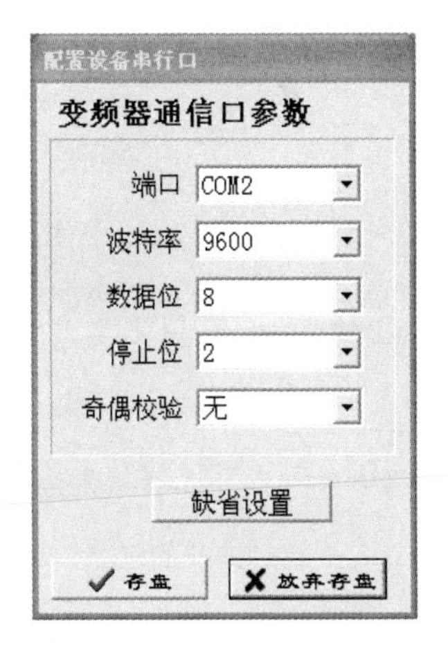

图 14-14　“配置设备串行口”对话框

“试验”菜单如图 14-15 所示。

“开始采样”选项：功能相当于电机控制操作面板上的“开始采样”按钮。

“停止采样”选项：功能相当于电机控制操作面板上的“停止采样”按钮。

“记录数据”选项：功能相当于电机控制操作面板上的手动记录数据。

“覆盖当前记录”选项：功能是用新记录替换当前记录。

“分析”菜单如图 14-16 所示。

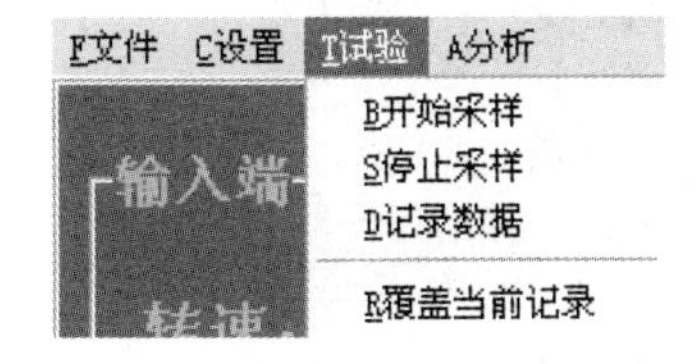

图 14-15　“试验”菜单

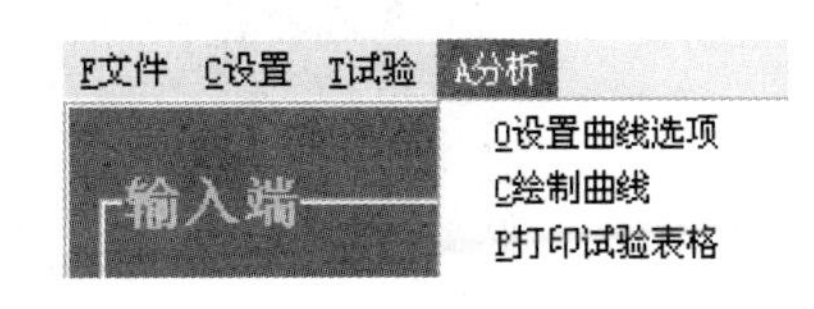

图 14-16　“分析”菜单

选择“设置曲线选项”，会弹出图 14-17 所示对话框。其中，X 轴坐标和 Y 轴坐标的最大值和最小值可以手动设置，也能让程序自动选择；“标记采样点”的意思是用明显的标记绘出采样点；“曲线拟合算法”按需要进行选择。如果曲线格式固定，则设置好各项参数后，一般就无须变动了。

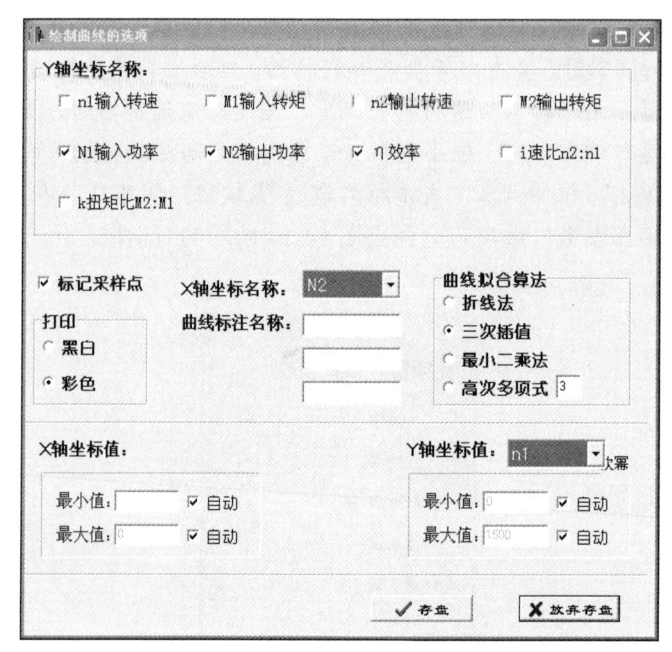

图 14-17　“绘制曲线的选项”对话框

“绘制曲线”选项和“打印试验表格”选项用于预览及打印曲线和表格。

③ 测试记录数据库。

被测参数载入按钮：根据被测参数数据库表格中的“实验编号”，载入与编号相符的实验数据，并在图 14-18 所示的表格中显示。

手动采样按钮：单击此按钮，计算机会将该时刻采集的实验数据填入图 14-18 所示的表格中，显示并等待用户进行下一个采样点的采样。

输入转速	输入扭矩	输出转速	输出扭矩	输入功率	输出功率	效率	速比	时间
1000.4	1.16	68.5	2	0.122	0.014	11.8	0.068	16:2
1001.4	1.27	67.7	3.95	0.133	0.028	21	0.068	16:3
1001.7	1.41	67.5	6.09	0.148	0.043	29	0.067	16:3
999.4	1.53	67.3	7.92	0.16	0.056	34.8	0.067	16:3
1000	1.65	66.3	9.91	0.173	0.069	39.7	0.066	16:3

图 14-18　载入数据后的测试记录数据库

④ 数据操作面板。数据操作面板主要由数据导航控件组成，其作用主要是对被测参数数据库和测试记录数据库中的数据进行操作。数据操作面板中按钮的作用依次是前进一个记录、插入一个记录、前进至最后一个记录、删除当前记录、编辑记录、确认编辑有效、放弃编辑、添加一个记录。

5. 实验步骤

步骤 1 设备安装。将各设备安装好，并注意各设备之间的同轴度，以避免产生不必要的弯矩，从而保证测量精度。为改变传感器的工作条件，降低安装要求，通常采用柔性联轴器。

安装完毕后，在正式实验前一般应开机试运转几分钟至半小时，以检验设备的可靠性。若发现异常振动和噪声等，则应立即停机予以排除。

步骤 2 按要求接好磁粉制动器和稳流电源的电源线。

步骤 3 按要求接好传感器和转矩转速仪之间的信号线，并接好转矩转速仪电源。

注意：接好后如果发现软件界面上转矩转速显示的是负数，或当加载后负数越来越大，则需调换正反信号线。

步骤 4 参照前述“STC-1 转矩测速卡使用说明”进行初始参数的设置。

步骤 5 启动转矩转速传感器的背包电动机，参照前述“实验台软件的使用说明”进行调零。

注意：背包电动机的转向一定要与主轴的转向相反。

步骤 6 启动主电动机进行测量。测量从空载开始，依次调整磁粉制动器的加载电流增加负载，直至满载荷。依次记录在不同载荷下的输入、输出转速，以及力矩和功率。若输出轴的转速低于 600r/min，则应启动背包电动机，背包电动机的转向应与输出轴的转向相反，此时，应该将测得的输出轴的转速减去背包电动机的转速。

步骤 7 测试完毕，打印实验结果，注意逐步卸载，关闭主电动机和各测试仪器。

步骤 8 根据测试记录，计算出测试对象的传动效率，并绘出测试对象的效率曲线。

步骤 9 改变机械传动系统进行实验。在时间允许的情况下再进行新的搭接组合实验（如链传动-齿轮减速器传动系统方案），并重复上述的步骤。

步骤 10 整理实验报告。实验报告的内容主要包括测试数据（表）、参数曲线；对实验结果的分析；对实验创新的设想或建议。

14.2 机械传动性能综合测试实验报告

1. 实验目的

2. 实验设备

3. 实验原理

4. 实验数据记录及处理

1）进行方案设计。每人应设计一种传动方案（至少Ⅱ级），计算其传动比，并阐述其优缺点，绘出具体的传动方案。

2）测量输入和输出端的数据，列表记录实验测定参数和计算参数：

序号	记录值				计算值				
	输入转速 n_1/（r/min）	输入转矩 M_1/（N·m）	输出转速 n_2/（r/min）	输出转矩 M_2/（N·m）	输入功率/kW	输出功率/kW	效率/%	速比 n_2/n_1	转矩比 M_2/M_1
1									
2									
3									
4									
5									
6									
7									
8									

3）用坐标纸绘制出效率曲线（效率-输出转矩曲线）。

4）进行实验误差分析，提出对实验改进的建议。

5. 回答问题

机械传动效率的影响因素有哪些？在本实验中可以通过哪些措施提高其传递效率？

参考文献

蔡广新，2002．机械设计基础实训教程[M]．北京：机械工业出版社．

蔡晓君，2014．机械基础实验[M]．北京：高等教育出版社．

陈松玲，陈寒松，2017．机械原理与机械设计实验教程[M]．南京．江苏大学出版社．

郭卫东，2014．机械原理实验教程[M]．北京：科学出版社．

何涛，2018．机械原理与设计实验指导书[M]．北京：机械工业出版社．

胡德飞，陶晔，2009．机械基础课程实验[M]．北京：机械工业出版社．

雷辉，李安生，王国欣，2011．机械设计基础实验教程[M]．北京：机械工业出版社．

李安生，杜文辽，朱红瑜，2011．机械原理实验教程[M]．北京：机械工业出版社．

刘莹，2007．机械基础实验教程[M]．北京：北京理工大学出版社．

任秀华，邢琳，张超，等，2013．机械设计基础综合实践[M]．北京：机械工业出版社．

宋立权，2009．机械基础实验[M]．北京：机械工业出版社．

拓耀飞，2016．机械基础实验教程[M]．成都：西南交通大学出版社．

王洪欣，程志红，付顺玲，2008．机械原理与机械设计实验教程[M]．南京：东南大学出版社．

文长海，周旭东，陈周娟，2015．机械设计基础实验指导书[M]．武汉：华中科技大学出版社．

吴军，蒋晓英，2014．机械基础综合实验指导书[M]．北京：机械工业出版社．

肖艳秋，李安生，党玉功，2008．机械设计实验教程[M]．2 版．北京：机械工业出版社．

闫玉涛，李翠玲，张风和，2015．机械原理与机械设计实验教程[M]．北京：科学出版社．

杨昂岳，毛笠泓，夏宏五，2009．实用机械原理与机械设计实验技术[M]．长沙：国防科技大学出版社．

杨洋，2016．机械设计基础实验教程[M]．2 版．北京：北京航空航天大学出版社．

尹中伟，李安生，肖艳秋，2011．机械设计实验教程[M]．北京：机械工业出版社．

翟之平，刘长增，2016．机械原理与机械设计实验[M]．北京：机械工业出版社．

张峰，2017．机械基础实验[M]．哈尔滨：哈尔滨工业大学出版社．

周晓玲，2016．机械设计基础实验教程[M]．西安：西安电子科技大学出版社．